Die Ybbs von oben

Franz X. Bogner

Die Ybbs von oben

Im Luftbild: Vom Dürrenstein durch das Mostviertel zur Donau

W-H EDITION WINKLER-HERMADEN

Zum Umschlagbild:

Bei Amstetten ist die Ybbs schon ein sehr ansehnlicher Fluss. Er hat sein bergiges Quellgebiet verlassen und strebt mit meist baumbestandenen Ufern der Donau zu. Durch ihre vielen Hochwasser über all die Jahrhunderte hat sich die Ybbs vor allem im Mittellauf größere Siedlungen weitgehend von ihren direkten Ufern fernhalten können und dadurch viel vom ursprünglichen Charme behalten. Meist sind es nur einzelne Häuser, die sich direkt an das Ufer getrauen; sie sind in aller Regel aus Mühlen oder Bauernhöfen hervorgegangen, der fruchtbare Auboden hatte zu sehr zur lukrativen Landwirtschaft eingeladen. Waren die Ufer aber hoch genug, siedelte man schon ab der bajuwarischen Landnahme (7./8. Jahrhundert nach Christus) direkt am Ufer.

Zum Bild auf Vor- und Nachsatz:

Im Unterlauf ist die Ybbs tief eingegraben und von einem breiten Waldstreifen gesäumt.

WISSENSCHAFT • FORSCHUNG NIEDERÖSTERREICH

Inh. Ulrich Winkler-Hermaden, Hauptstraße 37, A-2123 Schleinbach
info@edition-wh.at
www.edition-wh.at
Satz und Layout: Ecker-Design, A-2020 Hollabrunn
Gedruckt in der EU bei Finidr s.r.o.
ISBN 978-3-9505166-6-1

Inhalt

Im Oberlauf ist die Kleine Ybbs von zum Teil steilen Hängen gesäumt, die, soweit die Steigungen es zulassen, als Grünland genutzt werden.

Prolog

Überraschenderweise gibt es weder einen Boden- noch einen Luftbildband über die Ybbs. Dabei fließt sie als einzige geografische Ausnahme Österreichs nach Westen, zumindest in ihrem gebirgigen Oberlauf. Erst mit ihrem Durchbruch zum Mostviertel schwenkt sie wie alle anderen österreichischen Flüsse nördlich des Alpenhauptkamms zur Donau hin, der blauen Hauptschlagader des Landes. Sie ist der prägende Hauptfluss vor allem im Mostviertel, der weit überregional bekannten Landschaft ihres Einzugsgebiets.

Über ihre gesamte Flusslänge gerechnet bringt es die Ybbs auf über 1100 Meter Höhenmeterunterschied und kann damit ab der Quelle mit gut 8 Promille Sohlgefälle aufwarten. Wie viele andere österreichische Alpenflüsse ist sie im bergigen Oberlauf in einer langen geologischen Querfalte gefangen, bevor sie den Durchbruch zur Donau schafft. An der Mündung zeigt sie ihre besondere Bedeutung als Namensgeberin der gleichnamigen Mündungsstadt Ybbs.

Luftbilder werden gerne als „Augen der Götter" bezeichnet, deren ungewohnte Perspektiven uns Übersicht und Überblick einbringen. Sie erlauben einen bestechenden Sinn für das Unendliche und setzen lange zurückliegende Visionen von Romantikern fort, etwa eines Caspar David Friedrich (1774–1840), der dringend von einem bloßen Abbilden abgeraten hat: „Sieht er nichts in sich, so unterlasse er auch zu malen, was er vor sich sieht." Diese Kunstrichtung ist als die kurze Zeitepoche der Romantik (1795–1840) in die Geschichte eingegangen, die neben dem rein naturwissenschaftlichen Blick auch die Ästhetik der Natur im Auge hatte. Für Romantiker waren Emotionen neben der reinen Vernunft der eigentliche Schlüssel zur Welt, sie kultivierten sozusagen die Imagination: Wer kennt nicht Joseph von Eichendorffs „Mondnacht" über die Unsterblichkeit der Seele? „Und meine Seele spannte / weit ihre Flügel aus / flog durch die stillen Lande / als flöge sie nach Haus". Diese emotionale Romantik-Vision hat uns nach Meinung vieler zu Kulturnationen gemacht. Selbst beim großen Klassiker Johann Wolfgang von Goethe (1749–1832) „wohnten zwei Seelen, ach, in seiner Brust". Es ergibt also Sinn, auch heute noch auf diese Wurzeln zurückzugreifen. Zur Emotionalität passen die kurzen Fotozeitfenster eines Sonnenauf- oder -untergangs, die gerne mit Chancen gleichgesetzt werden: Wer zu lange wartet, verpasst sie schlicht und einfach.

Noch vor einem ersten Fotoflug muss das Gesamtdrehbuch im Kopf grob umrissen sein, das sukzessive Einzelbilder zusammenwachsen lässt. Es gilt der alte Archäologen-Satz, dass man tunlichst vorher wissen muss, wo man den Spaten ansetzt, will heißen, wann, wo und welche Bilder die Geschichte erzählen werden. Der Fotograf muss bei jedem Flug das gesamte Tableau für die letztendliche Bildgeschichte vor Augen haben. Dabei ist das Weglassen von Naturzerstörung und Naturverprassen zunehmend anstrengend, schließlich gibt es nichts Hässlicheres auf dieser Welt als Gewerbegebiete von oben. Luftbilder zeigen schonungslos, wo wir heutzutage Natur für ein paar windige Silberlinge verraten. Der

Zwischen Waidhofen und Amstetten drängen immer wieder Siedlungen direkt an das steile Ufer, wie hier in der Invalidenstraße in Amstetten.

Gleich unterhalb Amstettens behauptet die Ybbs, wie hier im Gemeindegebiet von Euratsfeld, ihre Ufer samt Auwaldresten. Der Brückenanordnung der kreuzenden Eisenbahn verleiht einen guten Eindruck vom Geländeprofil.

Unzählige blühende Birnbäume sind die einzigartige Visitenkarte des Mostviertels im Frühling (hier bei Mayrhäusl).

Im Frühling scheint es im Mostviertel keinen Feldweg ohne endloses Blütenmeer von säumenden Birnbäumen zu geben. Selbst im Bild vermeint man den Blütenduft riechen zu können.

Tunnelblick des ewigen Wachstums lügt sich Notwendigkeiten des täglichen gierigen Auffressens der Natur einfach weg. Natürlich geht es in vordergründigen Diskussionen innerhalb eines bedrückend engen Meinungskorridors um die Vereinbarkeit von Ökonomie und Ökologie, die starrköpfige Lebenslüge nicht erst seit unseren Tagen. Vollmundiges Hinausposaunen, dass der Laden läuft, oder einigermaßen zumindest, geht der Natur halt direkt oder indirekt gehörig an den Kragen. Eine ehrliche Kommunikation über erdrückende Zahlen unserer ökologischen Fußabdrücke ist längst überfällig. Dennoch sind wir treue Parteigänger des ewigen Wachstums, obwohl bereits bestehende Überbelastungen ein desaströser Opfergang der Natur sind. Täter- und Opferrollen sind leider schon längst abgekartet: Die Natur hat ihre Rolle als Kanonenfutter weg, die Naturvernichter haben die roten Teppiche dagegen dauerabonniert.

Fotografie heißt mit Licht schreiben (altgriechisch „phos“ und „graphein“). Ein Fotograf ist also ein Lichtbildner. Das sollten wir wieder wörtlich nehmen. Bei einem Flussbuch stellt sich ja auch permanent die Frage, was das Licht mit den Wasserfarben macht. Das mag philosophisch klingen, jedenfalls ist Fotografie erheblich mehr als eine Abbildung des physikalischen Lichtstrahls, der Objekte ausleuchtet.

Licht erzeugt Stimmungen und gibt dem Wasser beispielsweise etwas Geheimnisvolles: Wasser auf unserer Handfläche ist farblos klar, während Flusswasser zu später Abend- oder frühester Morgenstunde einen fast mystisch blauen Farbeindruck innehat, der im richtigen Zeitfenster gar ins Himmelblau mutieren kann. Man muss den Lichtpinsel der Sonnenstrahlen nur gewähren lassen und natürlich zur richtigen Zeit am richtigen Ort sein, um einen Fluss auf die Seele wirken zu lassen. Wenn Fotograf und Pilot hoch oben im offentürigen Ultraleicht-Flugzeug solche Farbwunder erleben können, erlaubt heutige Digitaltechnik gottlob auch am Boden eine authentische Teilhabe an solchen Farb- und Stimmungserlebnissen. Digitale Bildgebungen haben heute schließlich die früher lästigen Silberchlorid-Grenzen erfolgreich überwunden. Sehen Sie selbst, alles ist gelungen!

Als Autor dieses Luftbildbandes ist es eine angenehme Aufgabe, Dank zu sagen. Diesem, meinem 60. Luftbildband, haben viele Hände zur Realität verholfen. Zuallererst gilt dies natürlich meinen Piloten, die oft zu frühester Morgenstunde am Flugplatz waren, um beim ersten Morgenlicht abheben zu können. Allen voran sind dabei Helmut Greiner und Michael Sturm vom Flugplatz Seitenstetten (LOLT) zu nennen, die geduldig in zahllosen Flügen das Bildmaterial sammeln halfen. Mehrmals im Jahr hat dichter Donaunebel allerdings einen frühen Morgenstart zunichtegemacht, obwohl Vorhersagen etwas anderes versprochen hatten. Mein zweiter großer Dank geht an Herbert Pechhacker mit seinem schier unerschöpflichen lokalen Ortswissen, der Ortszuweisungen immer noch besser optimieren konnte, als übliche Quellen erlaubt hätten. Mein dritter Dank gilt dem Layout, das aus den vielen Einzelbildern das gedankliche Drehbuch auch wirklich erfolgreich zwischen beide Buchdeckel gebracht hat. Des Weiteren haben viele Archivare und Heimatforscher über die Runden geholfen, als andere Quellen nicht weiterhalfen. Last but not least gilt mein Dank dem Verlag, der vor Ort das wirtschaftliche Risiko schultert und über seine Netzwerke das Buch zum Leser bringt.

Prof. Dr. Franz X. Bogner

Geologie, Geschichte und Geografie

Die geografischen Rahmendaten sind schnell erzählt: 138 Kilometer lang, Einzugsgebiet 1300 Quadratkilometer, Quellhöhe 1350 Meter, Mündungshöhe 217 Meter (macht zusammen 1133 Meter Gesamtgefälle und 8,2 Promille Sohlgefälle).

Vor allem das Mostviertel charakterisiert eine markante Landschaft entlang der Ybbs, die anfangs noch gar nicht Ybbs heißt, sondern als Weiße Ois entspringt und später nur mehr Ois heißt. Dennoch ist sie Namensgeber der Ybbstaler Alpen, an deren Nordflanke sie entspringt. Hier liegt gleichzeitig die Grenze zwischen Oberösterreich, Niederösterreich und der Steiermark. Ein indogermanischer Namensursprung der Ybbs könnte in „Ivusā" („rasch fließendes Wasser") zu suchen sein. Bei den Römern war unter anderem die Benennung „Ivese" in Gebrauch. Die legendäre spätrömische Straßenkarte „Tabula Peutingeriana" enthielt die Eintragung „ad ponte[m] ises", was auf eine „Brücke über die Ybbs" verwies. Daraus wurde im Lauf der Zeit durch Lautverschiebung zunächst „Ips" und später „Ybbs". Diese heutige Schreibweise setzte sich ab 1500 durch, wie eine Fischereiordnung Kaiser Maximilians I. (1459–1519) belegt.

Die Ybbs ist ein Kind der vorletzten Kaltzeit, also ein erdgeschichtlich junger Fluss. In dieser Riß-Kaltzeit (vor 300.000 bis 130.000 Jahren) nahm die Ybbs in etwa den heutigen Lauf zur Donau an, zuvor war die Enns ihr Mündungsfluss gewesen. Während der folgenden (letzten) Kaltzeit (der Würm-Kaltzeit vor 100.000 bis 12.000 Jahren) schoben sich Gletscher nur mehr bis Göstling heran, änderten aber den Ybbsverlauf nicht mehr wesentlich.

Bei der Benennung der Kaltzeiten wurde übrigens sehr schülerfreundlich darauf geachtet, die Reihenfolge des Alphabets einzuhalten (je weiter hinten im Alphabet, desto jünger). Die Würm-Kaltzeit ist daher die bislang letzte und jüngste (benannt nach der Würm, dem einzigen Ausfluss des Starnberger Sees). Für die Benennung einer nächsten Kaltzeit müsste also ein Fluss mit Y oder Z gefunden werden. Kaltzeiten werden in der Klimageschichte als Zeitraum innerhalb eines Eiszeitalters bezeichnet, wobei Ausdrücke wie Eiszeit und Glazial oft synonym verwendet werden.

Im Einzugsgebiet gilt es, drei Geologie-Körper zu unterscheiden: Im Quellgebiet ist Karbonatgestein vorherrschend, im frühen Mittellauf Flysch-Sandstein mit Mergel, bevor sich eine breite Lössdecke des Alpenvorlands anschließt. Statistiker drücken dies gerne in Zahlen aus: 59 Prozent des Flusslaufs entfallen auf die Kalkalpen, 11 Prozent auf die Flyschzone und die restlichen 30 Prozent auf das Alpenvorland.

Die Kalkalpen sind vor 220 Millionen Jahren aus riesigen Korallenriffen im Vorläufermeer des heutigen Mittelmeeres entstanden. Sie lagern in mehreren Schichten heterogen geschichtet, dachziegelartig übereinander: Es gibt eine Ötscher-Decke, eine Reisalpen-, Göller-, Sulzbach- und Lunzer Decke sowie eine Frankenfelser Decke.

Ab der Lunzer Decke beginnt die radikale Richtungswende der Ybbs nach Norden, wobei sie sich in

die Flyschzone einschneidet („flysch“ leitet sich aus schweizerdeutsch „abrutschen“ ab). Unter Flysch versteht die Geologie sedimentäre Ablagerungen aus Tonsteinen und grobkörnigeren Gesteinen, die meist durch Faltungsprozesse verformt sind.

Unweit von Ulmerfeld tritt die Ybbs in die Molasse-Zone ein und schwenkt in eine grobe Nordost-Richtung. Molasse steht für die Meeresablagerungen des Tertiärs, die als Erosionsmaterial aus den sich hebenden Alpen eingeschwemmt wurden. Dunkelgraue tonige Mergel sind die häufigsten Bestandteile. Je nach Entstehungszeit und Abnabelung vom Tethysmeer liegt Meerwasser- oder Süßwassermolasse vor. Die granitene Böhmische Masse wird nur mehr auf den letzten Ybbs-Metern gestreift, abgesehen vom Untergrund der Stadt Ybbs, wo die Böhmische Masse noch substanziell die Süduferbereiche der Donau erreicht.

Das Ybbstal war über gut vier Jahrhunderte Römerland, allerdings als Grenzland immer wieder gefährdetes Land. Schließlich übte das Römerreich über Jahrhunderte eine gewaltige Sogwirkung auf Räuber und Plünderer jenseits der Grenzen aus. Zudem förderte Rom ständige Einwanderung. Migranten waren bloße Dosenerbsen, egal aus welcher Dose. Hauptsache die Wirtschaft lief rund.

Anfangs konnte jeder Migrant über lange harte Arbeit römischer Bürger werden, beispielsweise mit 25 Jahren Kriegsdienst samt ehrenvoller Entlassung. Mit dieser Bringschuld war es ab dem Jahr 212 allerdings vorbei, fortan konnte man ohne Gegenleistung einsickern. Rom verkam schnell zum Reich

Oben: Selbst im Oberlauf hat man der Ybbs den schmalen Talboden abgerungen, wie hier bei Opponitz.

Links: Weite Flussschleifen, wie hier bei Hollenstein, kennzeichnen den Oberlauf. Vor allem im Sommer gibt der Fluss dabei bei niedrigen Wasserständen seine ausgedehnten Kiesbänke frei.

der Parallelgesellschaften, geldige Obrigkeiten hatten unstillbaren Hunger auf billige Arbeitskräfte, als gäbe es kein Morgen mehr. Dass Otto Normalverbraucher dies im Alltag mit Lohndumping und enormen Lebenshaltungskosten ausbaden musste, hatten die Besitzstandswahrer in ihren Geldpalästen achselzuckend eingepreist.

Migranten ihrerseits blieben der Einfachheit halber gleich unter sich, selbst vorgetäuschte Integration war nicht mehr nötig. Falsch verstandene Toleranz reichte sie sogar in höchste Staatsämter durch, politische Entscheidungen wurden bald nicht mehr von der „res publica", also vom Staatswohl geleitet: Rom wurde zum Selbstbedienungsladen. Im bunt durcheinandergewürfelten Haifischbecken Roms kümmerte sich niemand mehr um die viel gerühmte „virtus" aus Ciceros Zeiten (dass man gefälligst für das Gemeinwesen lebte und nicht von diesem). Ohne gemeinsame Identität kollabierte das Staatswesen schleichend vor sich hin, bis schließlich im Jahr 476 ein Migrant, der germanische Heerführer Odoaker, den letzten weströmischen Kaiser Romulus Augustus absetzte und das Römische Imperium in die Geschichte putschte. Sämtliche Parallelgesellschaften fielen fast sogleich übereinander her, dem sukzessive fast alle Migranten-Clans zum Opfer fielen: Ob Burgunder, Sueben, Vandalen, Rugier, Ost- oder Westgoten (um nur sechs Beispiele zu nennen), alle wurden in ihren selbst verursachten Sog gezogen, bis ein fränkischer Kleinkönig namens Chlodwig (466–511) nicht einmal ein Jahrhundert später ein erstes nachrömisches Reich zimmerte.

Oben: Auch im Hochsommer sammelt sich gerne Morgennebel im Ybbstal und hält die Feuchtigkeit bis weit in den Vormittag zurück.

Rechts: Die markante Rohrbrücke bei St. Georgen ist Teil eines ausgeklügelten Wasserverteilungssystems zur Energiegewinnung im Ybbstal.

Das einstige Römische Imperium blieb aber bis in unsere Zeit passé, immer kämpfte irgendjemand gegen irgendjemand, mehrmals sogar alle gegen alle.

Ein wichtiges Datum für das Ybbstal war das Jahr 1359, als die kaiserliche Reichskanzlei vom Habsburger Herrscherhaus das „Privilegium Maius" vorgelegt bekam. Schnell stellte sich diese Urkunde allerdings als bloße Fälschung heraus. Der als Gutachter hinzugezogene Humanist Francesco Petrarca (1304–1374) nannte es gar ein „Esels-Werk".

Österreich hatte damit auf sein Übergangenwerden in der „Goldenen Bulle" reagiert, nach der ab 1356 nur mehr sieben Kurfürsten den König wählen durften: Neben den drei Erzbischöfen (von Mainz, Köln und Trier) waren darin der König von Böhmen, der Pfalzgraf bei Rhein, der Herzog von Sachsen und der Markgraf von Brandenburg stimmberechtigt. Österreich war dabei schlicht nicht berücksichtigt worden.

Derartige Schwindelurkunden hatten zwar in mittelalterlichen Schreibstuben immer wieder Hochkonjunktur, die genannte bündelte jedoch als wohl frechste Fälschung ein ganzes Konvolut echter und erfundener Ansprüche. Im Text waren clevere juristische und historische Winkelzüge eingearbeitet, kalligrafische Delikatessen gekonnt imitiert sowie das echte Goldsiegel Barbarossas angefügt. Auch der erfundene Titel eines Archidux (Erzherzog) durfte nicht fehlen. Die kaiserliche Reichskanzlei verweigerte denn auch ihre Anerkennung.

Ein Jahrhundert später hatte jedoch das vormals kleine Habsburg das endgültige Sagen im Reich, und der „ewig regierende" Habsburger Kaiser Friedrich III. (1415–1493) autorisierte kurzerhand die Fälschung seiner Vorfahren. Der über 50 Jahre Regierende wurde zwar gerne als „Reichserzschlafmütze" abgetan, aber er initiierte letztlich die staatsrechtliche Grundlage Habsburgs im Reich, Fälschung hin oder her.

Die Ybbs ist seit 1739 in der Wiener Innenstadt mit einem Brunnen als jugendliche Nymphe verewigt. Volkstümlich wird auch vom „Donnerbrunnen" gesprochen und damit auf den Erbauer Georg Raphael Donner (1693–1741) Bezug genommen. Der offizielle Name lautete Providentia-Brunnen (lateinisch „Vorsehung"), die Wiener Bürgerinnen und Bürger ignorierten aber schlicht den vorgegebenen Namen.

Am Brunnen symbolisieren vier allegorische Figuren die Flüsse des Erzherzogtums Österreich. Die beiden männlichen stehen für die Traun und Enns, die beiden weiblichen für die Ybbs und die March. Die Ybbs ist als ruhende Mädchengestalt mit wasserspendendem Gefäß porträtiert. Alle vier Originalfiguren sind heute im Belvedere ausgestellt, vor Ort waren die Figuren bereits 1873 durch Bronzekopien ersetzt worden.

Dass der Brunnen nun fast drei Jahrhunderte seinen Platz behalten hat, ist nicht selbstverständlich: 1773 waren auf Betreiben der Keuschheitskommission die nackten Figuren beseitigt worden, und 1913 hätte der gesamte Brunnen beinahe dem aufkommenden Verkehr weichen müssen.

Die Ybbstaler Hütte auf 1343 Meter Meereshöhe ist eine Schutzhütte des Österreichischen Alpenvereins. Ursprünglich als Jagdhütte errichtet, wurde sie in den 1920er-Jahren zunächst für eine Sommerbewirtschaftung umgebaut, schließlich für einen ganzjährigen Betrieb. Sie ist mit dem Umweltgütesiegel für Alpenvereinshütten ausgezeichnet. Ein besonderes Schmankerl ist der alljährliche Almabtrieb, der meist in der ersten Septemberhälfte stattfindet.

Im Bereich der Hütte liegt die Doline Grünloch mit ihrem Kaltluftsee-Rekord als kältester Punkt Mitteleuropas. Dieser Kältepol wurde in den 1930er-Jahren vom Meteorologen Wilhelm Schmidt (1883–1936) als solcher erkannt. Beim ersten Messversuch schlugen die Skalen der eingesetzten Thermometer gar nicht an. Vor allem im Spätwinter kann sich eine besondere Luftschichtung aufbauen, die manchmal Temperaturen unter minus 50 Grad Celsius zur Folge hat. Schmidts

Die flache und fast unscheinbare Doline Grünloch hält mit ihrem Kaltluftsee den einsamen Rekord als kältester Punkt Mitteleuropas.

Der nur 15 Meter tiefe Obersee speist mit dem Seebach, nach seinem Durchfluss im Lunzer See, einen substanziellen Zufluss der jungen Ybbs.

Entdeckung machte die Biologische Station Lunz (siehe Seite 24) schnell jenseits der reinen Limnologie bekannt. Nur ein Jahrzehnt später richtete hier die deutsche Wehrmacht sogar eine Teststation für „sibirientaugliche" Panzer-Motoren ein.

Die Ybbs war über Jahrhunderte ein Arbeitstier der Flößerei. Der Holzhunger draußen im Alpenvorland, vor allem im Wiener Ballungsraum, schien unstillbar. Nur Wasserwege wie die Ybbs konnten einen solchen Massentransport sicherstellen, wenn dies auch vergleichsweise zeitraubend und vor allem kostenträchtig war.

Wie im gesamten Alpenraum war Flößerei seit dem Hochmittelalter ein schlicht alternativloses Gewerbe. Nicht umsonst hat die UNESCO kürzlich die mitteleuropäische Flößerei ins immaterielle

Die Ybbstaler Hütte in 1343 Meter Meereshöhe ist ein gern besuchter Botschafter der Ybbstaler Alpen.

Weltkulturerbe aufgenommen, schließlich wäre ohne Floßholz die Entwicklung mittelalterlicher Städte undenkbar gewesen. Die Flößer mussten dabei oft für Wochen auf ihrem Gefährt leben, der Transport von den waldreichen Regionen zum letztlichen Bestimmungsort dauerte eben.

Bei der Ybbs ist die Gestör-Flößerei besonders gut dokumentiert, in der viele Floßsegmente zu einem Riesenfloß verbunden waren. Im Jahr 1873 wurde beispielsweise von einem 1000-Stämme-Floß berichtet. Für das Zusammenstellen waren eigene Einbinde-Plätze eingerichtet, wo „Riesenschlangen" aus Baumstämmen zusammengestellt wurden. Reibereien mit Anrainern gab es natürlich viele, sodass Unternehmer ab 1865 immerhin 60.000 Gulden Kaution hinterlegen mussten, um überhaupt eine Konzession zu bekommen. Da diese Summe ein Vielfaches dessen war, was ein Handwerker auf Lebenszeit verdienen konnte, kann man den wirtschaftlichen Anreiz erahnen.

Hochwasser und Ybbs gehören offenbar zusammen. In seinen Aufzeichnungen berichtet der Waidhofener Schulmeister Wolfgang Lindner zwischen 1590 und 1622 von nicht weniger als 16 Hochwassern. Die Stadt Waidhofen selbst war durch ihre günstige Hochlage weitgehend gesichert, während Vorstädte, Mühlen, Hammerwerke und Schleifen immer mittendrin im Schlamassel waren.

Das älteste Dokument über ein Ybbs-Hochwasser stammt vom Juli 1490, als die Stadtoberen einen Bittbrief direkt an den Kaiser richteten. Auch spätere Berichte führten außerordentlich großes Leid und Not auf. Mitte August 1598 stellte ein Jahrtausendhochwasser alle bisherigen Katastrophenereignisse in den Schatten. Die Fluten rissen sämtliche Uferbauwerke, ob Wehranlagen oder Ufersicherungen, weg. Zudem war es wegen der starken Regenfälle kaum mehr möglich, Getreide zu ernten.

Der Bau der Ybbstalbahn kurz vor der vorletzten Jahrhundertwende bescherte der Region einen Wirtschaftsboom. Dabei war diese Bahnverbindung ein ausgesprochener „Spätzünder", die Concessionsurkunde konnte nämlich erst 1894 erwirkt werden, mehr als ein halbes Jahrhundert nach dem ersten Eisenbahn-Boom im Land. Unmittelbare Ursache für diese Verspätung war unter anderem der Wiener Börsenkrach des Jahres 1873, der sämtliche Planungen obsolet machte. Erst 1893 waren zähe

Man sieht dem Mittellauf besonders im Luftbild die enorme Flussdynamik an (im Hintergrund grenzt Schönegg an das Ufer).

Gerade im Mittellauf, wie hier zwischen Schönegg und Breitenschollen, gibt es Bereiche mit breiten Wäldern zu beiden Seiten der Ybbs.

Verhandlungen mit den Reichsministerien erfolgreich. Diese lange Wartezeit erklärt vielleicht auch die enorme Baugeschwindigkeit, mit der in nur drei Jahren die 71 Kilometer lange, oft steile Strecke fertiggestellt wurde – eine wahre Ingenieursmeisterleistung damaliger technischer Möglichkeiten. Von da an war schneller Massentransport des Eisenerzes für die eisen- und stahlverarbeitende Industrie in den Donauraum bezahlbar, was im Gegenzug die handwerkliche Eisenverarbeitung am Oberlauf schnell unrentabel machte.

Die Ybbstalbahn war als Schmalspurbahn mit der sogenannten Bosnischen Spurweite von 76 Zentimetern ausgelegt, Endstation war Lunz am See. Heute folgt der gut 100 Kilometer lange Ybbstal-Radweg der alten Trasse, allein in seinem ersten Jahr sollen ihn 60.000 Gäste genutzt haben. Der Radweg bietet offenbar sehr authentische Erlebnisoptionen, wo der Weg mehr als das Ziel ist: Sanfte Hügel, blühende Birnbaum-Pracht, voralpine Umgebung sowie der flussnahe Fahrweg der ebenen ehemaligen Bahntrasse samt Rundbogenbrücken, Tunnel- und Schluchtenquerung sind sicher emotionale Zugaben, die das „Flussradeln" zum einmaligen Erlebnis machen. Der Lunzer See ist das zugkräftige Zielversprechen, eine durchdachte Infrastruktur mit Rad-Tramper-Bus und Ybbstal-Radl-Taxi runden das Erfolgsrezept ab. „Wo der Weg mehr als ein Ziel hat" ist denn auch der überzeugende Slogan des Ybbstal-Radwegs.

Overtourism ist gottlob noch kein Thema im Ybbstal. Gemeint ist damit ein Phänomen unserer Social-Media-Zeiten, wenn sich immer mehr Besucher an wenigen, besonders „hippen" Orten kumulieren. Die weltweite Liste hierfür ist inzwischen erschreckend lang, ob Barcelona, Venedig, Neuschwanstein, Mount Everest, Taj Mahal, Galápagos, Santorin, Cinque Terre, Machu Picchu, Chinesische Mauer oder Havanna, um nur einige Beispiele zu nennen. Glücklicherweise hat das Mostviertel dieses Problem (noch) nicht, es würde auch viel verlieren. Schließlich ist es hoffnungsvoller Botschafter unseres europäischen Traums kultureller Vielfalt, greift doch im Ybbstal das politische EU-Konzept der Regionalität, das eigenständige Traditionen und regionale Mitsprache hochhält: Subsidiarität (also Selbstbestimmung) soll demokratische Bürgernähe sichern, nationale Grenzen sollen mittelfristig ihre Bedeutung verlieren und gemeinsam gewachsenen Kulturräumen das Sagen geben. Europa soll der politische Rahmen für echten Föderalismus werden, Regionalismus soll die politische Maxime sein. Das Mostviertel agiert heute schon als vitaler Corporate-Identity-Kern in dieser Vision.

Im Mittellauf (zum Beispiel bei Schönegg) hat sich die Ybbs zum Teil stark eingetieft, Wald statt Landwirtschaft dominiert die teilweise steilen Ufer.

Im Unterlauf bei Waasen wird die Ybbs zunehmend in ein Flussband gezwängt, das Umland ist wirtschaftlich schlicht zu wertvoll, um es „nur" dem Fluss zu überlassen.

Die gefluteten Kiesgruben in Ausee (Blindenmarkt) lassen den Freizeitsport auf seine Kosten kommen.

Selten wurden bei einem Fluss in Mitteleuropa so weite Uferstrecken nicht verbaut. Der Ybbs, hier bei Günzing, ist dieses Kunststück gelungen.

Viele Straßenbrücken überspannen die Ybbs. Hier in der Forstheide bei Amstetten sind es eine Eisenbahn- und eine Fußgängerbrücke, die ein Überqueren trockenen Fußes erlauben.

Je näher an der Donau, desto mehr Verkehr scheint die Ybbs queren zu wollen. Vier Gleise, eine Straße sowie die Autobahn A1 (hier nicht mehr sichtbar): Es wird eng am Ufer.

Nahe der Mündung, wie hier am Ybbs-Wehr Kemmelbach, zeigen sich die Größenverhältnisse, wenn das klare Ybbs-Wasser in die oft milchige Donau fließt.

Als kleiner, aber doch beachtlicher Nebenfluss geht die Ybbs in der großen Donau auf, begleitet von Wertschöpfungsflächen der Wirtschaft.

Tief eingesunken arbeiten sich schwer beladene Lastkähne stromabwärts.

Nichts zeigt deutlicher, dass die Donau das große Arbeitstier der Region ist, als die lange Warteschlange an der Schleuse Persenbeug.

Oberlauf im „Land der Schwarzen Grafen“: von Lunz über Göstling nach Waidhofen

Historisch durch den weiter südlich gelegenen Erzberg geprägt, lag vor allem im Mittelalter der gesamte Oberlauf im Land der Schmiedemeister und Hammermeister. Hier schlug das Herz des Eisenhandwerks in unzähligen dezentral organisierten Kleinbetrieben, mit Eisenwurzen erhielt die Region weit jenseits des Ybbs-Einzugsgebiets hinaus ihren Namen.

Eisenwurzen ist heute ein historischer und touristischer Begriff, hier hatten aber schon die Kelten das begehrte „norische Eisen“ geschmiedet. Dieses „Ferrum Noricum“ stand für harten Stahl, genoss schon zu Römerzeiten den besten Ruf und war aus der Waffentechnik nicht wegzudenken. „Noricum“ wurde daher nicht als römische Provinz unterworfen, sondern als „hospitium publicum“ („staatliche Gastfreundschaft“) integriert. Der Anschluss an das Römische Reich erfolgte ohne größere kriegerische Verwicklungen und schuf eine Art keltisch-römischer Kontinuität. „Noricum“ erhielt eingeschränkte Autonomie als tributpflichtiges Fürstentum und stellte mit der „Legio Noricorum“ sogar eine eigene Legion zur Verteidigung der Donaugrenze.

Im Mittelalter sprach man schlicht vom „Land der Schwarzen Grafen“. Angefangen von Werkzeugen, Schneidwaren, Beschlagteilen, Ketten, Schrauben bis hin zu allerlei landwirtschaftlichem Gerät wie Hacken oder Sensen, alles wurde hier geschmiedet. Grundlage war das steirische Erz, das einen riesigen Wirtschaftsraum um sich geschaffen hatte. Ein wichtiges Element dieser Regionalisierung waren die Transportmöglichkeiten auf der Ybbs sowie natürlich die Nutzung der Wasserkraft für Hammerwerke (sowie der Holzkohle aus den umliegenden Waldgebieten).

Aufgrund des Holzhungers dehnte sich das Wirtschaftsgebiet immer weiter aus: Für eine Tonne Eisen brauchte man immerhin 6 Tonnen Holzkohle. Zudem waren rund um den steirischen Erzberg gut 20.000 Knappen vom bäuerlichen Umland zu versorgen, was dezentrale Wirtschaftskreisläufe und unzählige Privilegien schuf. Handelsbeziehungen reichten weit über das Habsburgerreich hinaus bis zum Orient und sicherten vor allem Händlern Reichtum sowie Hammerherren die hohe soziale Stellung eines „Schwarzen Grafen“. Immerhin wurde hier im 16. Jahrhundert ein gutes Fünftel der gesamten europäischen Eisenproduktion erwirtschaftet.

Der Niedergang kam zunächst schleichend, als Holzkohle wegen ständiger Waldübernutzungen immer teurer wurde. Ausländische Konkurrenz in Skandinavien oder Russland konnte dagegen auf unbegrenzte Holzreserven zurückgreifen, England sogar auf Steinkohlevorkommen. Letztlich kam der Niedergang aber abrupt über die Ybbstal-Bahn mit der Option einer industriellen Stahlverarbeitung an der Donau. Mit dem Handwerker-Wohlstand an der Ybbs war es damit schnell vorbei.

Die ersten Schritte der Ybbs vom Nordrand des Großen Zellerhutes (1639 Meter) heißen Ois (siehe oben). Sie verlaufen zunächst in unbewohntem Talboden und treffen bald auf die kleine Ortschaft Oisreitl. Bei Lunz am See kommt der Seebach dazu, nach seinem Durchfluss des 15 Meter tiefen Obersees und des nur 3 Meter flachen Mittersees. Außerdem bringt der Ludwigsfall zusätzliches Wasser.

Der Lunzer See gilt als kältester Niederösterreichs, er tauscht dreimal pro Jahr sein Wasser. Von 1905 bis 2003 bestand hier die Biologische Station Lunz, die wegen ihrer frühen Pionierleistungen auch als Wiege der wissenschaftlichen Limnologie gilt. Gegründet mit privatem Geld des Gutes Seehof-Hirschtal, entstand sie am herrschaftlichen Landsitz. Besonders zielführend erwies sich die Bestellung eines ständigen Leiters vor Ort: Franz Ruttner (1882–1961), ein Prager Mikrobiologie, bezog nach erfolgreicher Promotion seine „Dienstwohnung" im Pförtnerhäuschen des Schlossparks. Er war es vor allem, der die Entwicklung der Station bis zu seiner späten Pensionierung 1957 (mit 75 Jahren!) immer wieder vorantrieb. Eigentlich war die Stabübergabe schon 1942 geplant, der designierte Nachfolger fiel aber, zur Wehrmacht eingezogen, bald darauf. Die Biologische Station selbst überstand die Kriegszeit unbeschadet, sodass nach und nach Forschungsstudien wiederaufgenommen wurden. Seit 2007 setzt der WasserCluster Lunz die Arbeit der Biologischen Station Lunz fort und nutzt seit 2011 auch deren Gebäude.

Fast vergessen ist heute, dass man den Lunzer See 1926 in einen Wasserspeicher für ein Ybbs-Kraftwerk umwandeln wollte, was das Aus für die Station bedeutet hätte. Dieser Plan scheiterte letztlich am steten Widerstand der Bevölkerung und wohl auch am fehlenden wirtschaftlichen Nutzen. Wie bedrohlich die Pläne empfunden wurden, zeigt der zeitgleiche Ankauf eines Ersatzgrundstücks am Mondsee.

In der Eisenwurzen am Oberlauf der Ybbs bestimmen Einzelhöfe das Landschaftsbild.

Am Südostabfall des **Dürrensteins** hat sich einer der größten Urwälder Mitteleuropas in unsere Zeit retten können. Dieser sogenannte Primärwald liegt schon jenseits der Wasserscheide der Ybbs, war deshalb im Mittelalter zwischen dem Stift Admont und der Kartause Gaming umstritten, da die Admonter das Enns-Einzugsgebiet als das alleinig ihrige betrachteten. Zum Glück blieb ein Holzeinschlag und Holzabtransport aus der hoffnungslos abgeschiedenen Lage ziemlich unrentabel. Um 1850 schaukelte sich der Raubbau dennoch enorm auf, eine „Forstindustriegesellschaft" zur bestmöglichen „Wald-Ernte" wurde ins Leben gerufen. Sogar eine kilometerlange Pferdeeisenbahn wurde eingerichtet sowie zusätzlich das Flößen auf der Ybbs optimiert, was aber das ganze Raubbau-Unternehmen nicht vor einem Bankrott rettete. Die damals eingeschlagenen Flächen sind aber heute noch als „Bahnschlagl" in Landkarten eingezeichnet.

Ein 420 Hektar großer Urwaldrest hat dank des schnellen Bankrotts überlebt. Die Konkursmasse wurde vom Wiener Bankier Albert Rothschild (1844–1911) aufgekauft, einem schwerreichen Spross des Großkapitals. Der Namensgeber des Rothwaldes war zwar das rötliche Gestein am Dürrenstein, der neue Besitzer passte aber namentlich bestens dazu. Als begeisterter Naturliebhaber hatte er das nötige Kleingeld, ganz gegen jeglichen Zeitgeist forstwirtschaftliches Nutzungsstreben im Urwaldrest zu unterbinden. Unter seinen Söhnen wurden sodann 1935 Teile der Waldungen an den Staat abgetreten, um einen offiziellen Naturschutz zu etablieren. Dieser Status wurde 1942 mitten im Weltkrieg Wirklichkeit, nachdem schon 1938 der ganze Rothwald „arisiert" (also enteignet) worden war. Zwar wurde er 1947 wieder „refundiert", doch trat Rothschild große Teile des Waldes gegen Übernahme der Pensionslasten seiner ehemaligen Angestellten ab. Dadurch konnte der Dürrenstein zur Keimzelle eines heute 7000 Hektar umfassenden Schutzgebiets werden, das gefährdeten Lebensgemeinschaften eine natürliche Entwicklung erlaubt (man spricht von einem sogenannten Prozessschutz).

Heute ist der Rothwald das erste UNESCO-Weltnaturerbe Österreichs, in einer Reihe mit dem Grand Canyon oder den Dolomiten. Baumriesen können in diesem Gebiet ein Alter von 600 bis

Stolze 1878 Meter türmt sich der Dürrenstein mit mächtigen Kalkbänken auf. Die winzigen Besucher am Gipfel signalisieren die enormen Größenverhältnisse.

Die Abendschatten zeigen die tiefen Wälder rund um den Dürrenstein. Hier durfte Natur Natur bleiben.

700 Jahren erreichen. Hier kann man eine Vorstellung bekommen, wie eine natürliche Waldsukzession nach dem Abklingen der Würm-Kaltzeit (der letzten Kaltperiode) stattgefunden hat. Nach und nach ist der Wald zurückgekommen, zunächst mit Latschen, Birken und Erlen, bis sich schließlich vor sechs Jahrtausenden auch Buchen und Eichen dazugesellt haben. Mittelfristiges Ziel ist heute eine Schutzzonen-Erweiterung auf 10.000 Hektar, um die von der International Union for Conservation of Nature (IUCN) empfohlene Mindestfläche zu erreichen. Engagierte Wirtschaftsunternehmer wollen die Außernutzungstellung des steirischen Lassingtales vorantreiben und dem Schutzgebiet die ältesten Buchenwälder des gesamten Alpenbogens zuführen. Ein großflächiges Geländemodell im Lunzer „Haus der Wildnis" spiegelt dieses enorme Potenzial wider, auch wenn in der Ausstellung selbst weniger Plastik ein Hineindenken in echte Wildnis erleichtern könnte. Keiner der dortigen Macher hat wohl jemals die Wildnis des Dürrensteins vor Ort wirklich atmen dürfen. Dabei könnten einzigartige Forschungsdaten das enorme Potenzial dieses einmaligen Primärwalds als authentische Plattform zur erfolgversprechenden Öffentlichkeitsarbeit ausloten.

Oberhalb von Lunz scheinen sich die Häuser an der Mariazeller Straße förmlich in das enge Tal zu ducken.

Der (Lunzer) Seebach mit seinem wilden Seitental trägt mit gut 25 Quadratkilometer Einzugsgebiet beachtlich zum Wasseraufkommen der Ybbs bei.

Der 34 Meter tiefe und 58 Hektar große Lunzer See zeigt allein schon durch seine gut dreifache Länge gegenüber seiner Breite seinen Gletscherursprung in der letzten Kaltzeit.

Lunz am See als erste große Marktgemeinde am Fluss trat erstmals 1203 als „Liunze in Montanis“ (Lichtung in den Bergen) ins Licht einer urkundlichen Öffentlichkeit. Eineinhalb Jahrhunderte später gehörte der Ort dem Kloster Gaming. Über die Jahrhunderte bestimmten bald Hammerwerke das Wirtschaftsleben, die Lage an der Eisenstraße brachte Wohlstand, wovon beispielsweise das stattliche Amonhaus aus dem Jahr 1551 zeugt. Dessen Arkadenhof gilt allgemein als schönster Renaissancebau Österreichs. Dass es heute mit dem Hammerherrenmuseum eine authentische Erinnerungsstätte beherbergt, geht auf die Einzelinitiative des lokalen Lehrers Heinrich Paris zurück, der während seines ganzen Berufslebens „alles Alte“ sammelte und vor dem Wegwerfen bewahrte. Seine Wohnung war bald vollgestopft mit Sammelstücken, sodass Raum für eine ordentliche Darbietung immer dringlicher wurde. Als es daher im Hammerherrenhaus im ersten Stock Zimmer zu mieten gab, suchte er Unterstützung für diese Option. In der Folge bekam Lunz mit einer wohlausgewogenen Ausstellung liebevoll gesammelter Alltagsgegenstände eine Attraktion allerbester Art. Im Kriegsjahr 1940 wollte die Gemeinderatsmehrheit die Zeit aber wieder zurückdrehen und die Sammlung mit Hinweis auf „die schlechte Zeit“ auflösen. Hier sprang glücklicherweise die engagierte Heimatforscherin Elisabeth Kraus-Kassegg (1898–1989) in die „Bütt“ und trieb energisch einen Weiterbestand samt grundlegender Sanierung des Hauses voran. Es waren also immer Einzelinitiativen und nicht die Allgemeinheit, die die „Heimat“ in unsere Zeit retteten. Heute ist das Museum eine einzigartige Perle heimatlicher Vergangenheit, die uns vergangene Zeiten sehr authentisch erleben lässt: Durch das „Reich der Schwarzen Grafen“ wird das tägliche Leben in der Rauchküche und natürlich die detailreiche Eisenverarbeitung früherer Zeit lebendig. Etwas weiter die Ybbs abwärts gibt die Töpperbrücke mit ihren aufsehenerregenden Heiligenfiguren aus Mariazeller Eisenguss einen Eindruck vom Reichtum der ersten industriellen Zeit, in der Andreas Töpper (1786–1872) vom einfachen Schmied zum größten privaten Eisenwerksbesitzer Österreichs aufgestiegen ist.

Im Schloss Seehof war ab 1905 auf Initiative von Carl Kupelwieser eine innovative Limnologische Station aufgebaut geworden, die sukzessive nahezu alle deutschsprachigen Forscher nach Lunz brachte.

Der Lunzer See stellt sich in seiner Webpräsenz als das Meer der Lunzer vor. Er ist zudem ein natürlicher See mit bester Wasserqualität (Güteklasse 1).

Lunz am See verdankt seine erste große Blütezeit den „Schwarzen Grafen", den emsigen Schmiedemeistern an der Eisenstraße.

Hoch über Lunz breiten sich verschiedene Rodungsinseln mit meist Einzelbauernhöfen aus, ohne den Bergwald zu sehr zu durchlöchern.

Schon die kurvige Straßenführung zeigt die enorme Steilheit des Geländes, hier am Beispiel der Streusiedlung Weinbergl, Gemeinde Lunz am See.

Göstling wurde 1305 erstmals im Freisinger Urbar erwähnt, ein Eisenhammer war Inhalt der Urkunde. Das Roheisen kam vom steirischen Erzberg. 1544 erlebte der Ort mit dem Bau der sogenannten Dreimärktestraße durch das Mendlingtal einen beachtlichen wirtschaftlichen Aufschwung, tragende Säulen waren die Eisenverarbeitung und der Lebensmittelhandel. Ein kleines originales Straßenstück der historischen Eisenstraße ist noch erhalten.

Die einstige Bedeutung des Eisens ist an den erhaltenen Herrenhäusern sichtbar, beispielsweise am „Pfarrstöckl" mit seiner Sgraffitomalerei oder dem „Fürstenhaus". Der Begriff „Sgraffito" kommt aus dem Italienischen („sgraffiare" bedeutet „kratzen") und beschreibt eine spezielle Dekorationstechnik zur Bearbeitung von Wandflächen: Verschiedenfarbige Putzschichten wurden übereinander aufgebracht und anschließend in Teilen wieder abgekratzt, um durch das Freilegen darunterliegender Putzschichten ein kontrastreiches Wandbild zu erzeugen. Der Stuckateur musste seine Arbeit fertig haben, bevor die oberen Putzschichten abgebunden waren, ein Motiv musste daher sukzessiv in Tagesschichten umgesetzt werden. Vorherrschend waren heimatliche Motive, aber auch langlebige Reklamezwecke waren üblich. Diese Gestaltungstechnik war eine kostenträchtige Alternative zur üblichen Wandmalerei.

Das Mendlingtal strebt bereits der Enns zu und zeigt mit einem 3,5 Kilometer langen Themenweg eine wiederaufgebaute, aber historische Holztriftanlage. Im alten Schmiedegesellenhaus lassen sich die damaligen Lebensumstände gut nachempfinden. Ebenso zeigt eine betriebstaugliche Venezianer-Brettersäge und eine Schmiede die (harte) Arbeit von anno dazumal. Die spektakuläre Triftanlage hält wie in früheren Zeiten Stauwasser für die Holztrift vor und zeigt die Gefährlichkeit des damaligen Arbeitens in der Mendlingbach-Klause. Eine ehemalige Holzknechtsiedlung und ein Hammerherrenhaus verdeutlichen eindrucksvoll damalige soziale Gegensätze. Generell scheint Waldnutzung ein ewiger Streitpunkt zwischen verschiedenen Akteuren gewesen zu sein (siehe unten), die Flößerei war einer davon. Sie entwickelte sich im Alpenraum im Hochmittelalter zu einem blühenden Gewerbe. Wegeverhältnisse, selbst wenn vorhanden, waren suboptimal für Landtransporte von Langholz, Flößen war alternativlos.

Das 25 Hektar große Leckermoos im nahen Hochtalboden hatte zwar durch diverse Eingriffe immer wieder gelitten, konnte aber vor einem guten Jahrzehnt dennoch wiedervernässt werden. Die Voraussetzungen waren aber auch günstig: gut 2300 Millimeter Jahresniederschlag mit einem ausgeprägten Sommermaximum, Jahresdurchschnittstemperatur nur 3,7 Grad Celsius und eine Meereshöhe von 830 Metern. Es mussten „nur" alte Entwässerungsgräben mit Grabenstauwerken geschlossen werden, um das Wasser wieder im Moorkörper zurückzuhalten. Ein kleiner Moorpfad soll diesen Moorschutz näherbringen („Was wir kennen, schätzen wir und schützen wir."). Heutzutage ist es zwar schon Allgemeinwissen, dass Moore effektivste Kohlendioxidsenken sind, dennoch braucht es in Demokratien immer enorm viele Mitstreiter, da Obrigkeiten zu gerne irgendwelche wirtschaftsorientierte Schwerpunkte setzen wollen. Demokratie bedeutet ja, dass sich die Interessen von vielen Menschen mit wenig Geld gegen wenige Menschen mit viel Geld durchsetzen können (und müssen).

Hochmoore im Nordalpenvorland gehen in der Regel auf Geländemulden zurück, die von Gletschern ausgehobelt und abgedichtet sind. Nach dem Ende der letzten Kaltzeit verlandeten solche Kleinseen nach und nach, sodass bei weiterhin hohen Niederschlägen Hochmoore wachsen konnten. Indikatorpflanze ist immer das Torfmoos, mehr noch: Ohne Torfmoos kein Hochmoor. Es wächst an der Spitze immer nach, während untere Teile absterben und in saurer Moorwasserumgebung mangels Verwesung zu Torf werden: Torfmoose le-

Die spätbarocke Pfarrkirche in Göstling steht auf uralten Grundmauern. Schon 1310 war der kleine Ort als selbstständige Pfarrei ausgewiesen.

ben daher praktisch ewig. Sie fungieren zudem als riesiger, überdimensionaler Schwamm, der bis zu 95 Prozent aus Wasser bestehen kann.

Moore blieben über Jahrtausende mangels anderer Nutzungsoptionen ungestörte Biotope, bis immer bessere technische Möglichkeiten sie in die Zange nehmen konnten: Trockenlegung, Torfstich und Aufforstung waren häufige Stufen einer Nutzung. Heute kommt eine weitere Gefahr aus der Luft dazu: Regenwasser enthält inzwischen viele Stickstoffverbindungen, sodass jeder Regenguss zwangsläufig flächendeckende Düngung einbringt. Da Hochmoore aber von Haus aus Lebensräume für wahre Hungerkünstler sind, in denen übliche Allerweltspflanzen kein Auskommen haben, lässt ständige Düngung von oben diesen Standortvorteil verloren gehen; die Hungerkünstler werden schleichend zurückgedrängt.

Wenigstens sitzt heute der Mensch dem Moor nicht mehr im Genick. Noch vor zwei bis drei Jahrzehnten am liebsten mit unbegrenzten Flurbereinigung-Milliarden ausgemerzt, haben Moore heute kein Düster-Image mehr. Das liegt nicht am Schwächeln irgendwelcher Wachstumszauberlehrlinge. Deren Märchenonkel haben weiterhin nichts als ewiges Wachstum im Sinn, egal in welchen politischen Farbtopf sie gefallen sein mögen. Sie haben nach wie vor die Moral gepachtet und wollen als Ankläger und Besserwisser den Naturschutz als notorischen Fortschrittsbremser brandmarken. Wir sind es, die heute das viele Obrigkeitsgeld zum Untertanmachen der Erde immer mehr hinterfragen müssen. Waren früher „dunkel", „mysteriös", „todbringend" die gesellschaftsfähigen, morbiden Adjektive für Moore, beginnen wir heute die wenigen verbliebenen Restmoore zu hätscheln (griffige Slogans ohne „denglische" Berührungsängste lauten beispielsweise: „Let's do Moor"). Schließlich lässt sich deren eminente Bedeutung für den Klimaschutz nicht mehr verheimlichen. Nach Jahrhunderten des Untertanmachens sucht man heute nach Optionen zum Freikaufen aus landwirtschaftlichen Nutzungen: Moore haben das Zeug, zu Superstars des Klimaschutzes zu werden.

In den Ortsteilen von St. Georgen am Reith kommen Häuser durchaus der Ybbs nahe, der man hier die Optimierungsmaßnahmen am Flusslauf ansieht.

Die junge Ybbs ist immer von höher gelegenen Rodungssiedlungen gesäumt, wie hier mit zwei solitären Bauernhöfen von Ybbssteinbach (Gemeinde Göstling an der Ybbs).

St. Georgen am Reith ist einer der drei „Georgs"-Orte im Ybbstal. Auch hier ist der heilige Georg in seinem Kampf gegen den Drachen im Zentrum des Ortswappens. Die kleine Gemeinde mit gut 500 Seelen hatte vor einem Jahrhundert doppelt so viele Einwohner, was auf die gewaltige temporäre Baumaßnahme einer überregionalen Wasserrohrleitung zurückzuführen ist: Die markante Rohrbrücke (umgangssprachlich „Dükerbrücke" genannt) über die Ybbs ist ein Teil dieser Leitung, die das aufgestaute Wasser von der Wehranlage in Göstling an der Ybbs zum Kraftwerk Opponitz zuerst durch den Königsbergstollen und danach durch den Frieslingstollen transportiert. Besitzerin des gesamten Kraftwerkskomplexes ist die Stadt Wien. Manche wollen die markante Dükerbrücke über die kleine Ybbs gar zum Wahrzeichen St. Georgens erheben. Dabei kann die kleine Ybbs auch anders: Während einer Sanierung im Jahr 2018 riss eine Hochwasserwelle das flussseitig aufgestellte Gerüst weg. Kurzzeitig sah es sogar danach aus, dass die eingestürzten Stützen sich verkeilen und das ganze Brückenbauwerk gefährden könnten. Man sollte sich also von der meist schmalen Ybbs nicht täuschen lassen, Starkregen kann sie schnell stark machen.

Das Kerndorf von St. Georgen am Reith liegt hoch über der Ybbs. Einwohnermäßig befindet sich hier die kleinste Gemeinde des Bezirks Amstetten.

In Moosau (Gemeinde St. Georgen am Reith) ist die Ybbs schon zu einem kleinen Fluss angewachsen, es ist gerade noch Platz für die Straße sowie die ehemalige Ybbstal-Bahntrasse (hier links nicht mehr sichtbar).

Der 1405 Meter hohe **Oisberg** bei Hollenstein hat die Ois im Namen, obwohl sie hier schon Ybbs heißt. Die Ybbs umrahmt das lang gestreckte Bergmassiv an der Süd-, West- und Nordwestseite. Das lässt darauf schließen, dass die heutige Lunzer Flussnamensgrenze zwischen Ois und Ybbs jüngeren Datums sein könnte. Der bewaldete Oisberg zieht sich als 9 Kilometer langer Hauptkamm mit dem Hahnköpfl (1224 Meter), Glitzenkopf (1328 Meter), Rotmauer (1330 Meter), Schneekogel (1373 Meter), Kleiner Schneekogel (1344 Meter) und Hühnerkogel (1345 Meter) als Einzelerhebungen. Lokal wird oft der Name Bauernboden statt Oisberg verwendet, obwohl er in Landkarten so bezeichnet wird. Gebräuchlich ist Oisberg als Lagebezeichnung des Südosthangs des Bauernboden im Ortsbereich von Hollenstein. Das Bergmassiv beherbergt Höhlen wie den Kalkgrubenschacht und mit der Steinbachquelle eine starke Karstquelle, deren Schüttung stark auf Niederschlagsereignisse reagiert; ihre Schwankung kann immerhin zwischen 25 und 10.000 Liter in der Sekunde liegen. Dies macht sie vor allem bei plötzlichen Regenereignissen gefährlich, wie 1984 zwei Taucher erfahren mussten, die es nicht mehr lebend an die Oberfläche schafften.

Oben: Hier macht die Ybbs einen 90-Grad-Schwenk nach Nordnordwest. Hochwasser waren daher immer höher als andernorts. Die hoch gelegene Kirche ist ein sichtbarer Hinweis dafür.

Links: Hollenstein gibt es sechs Mal als Ortsnamen, der Zusatz „an der Ybbs" schafft daher seit jeher Klarheit.

Die St.-Antonius-Kapelle hoch über Opponitz ist erst gut ein Jahrzehnt alt. Sie wurde von einem lokalen Privatmann aus Dankbarkeit für wiedererlangte Gesundheit gestiftet.

Die Gemeinde Opponitz ist bereits 1256 in einem Passauer Urbar ins Licht der geschriebenen Geschichte getreten. Hier wurde vor einem Jahrhundert von der Stadt Wien das Kraftwerk Opponitz errichtet.

Hollenstein wurde trotz hochmittelalterlicher Wurzeln erst im 15. Jahrhundert zur eigentlichen Siedlung. Entscheidender Motor hierfür war, wie zu erwarten, das Eisenhandwerk. Mit dem Anschluss an die Ybbstalbahn entwickelte sich zusätzlich noch eine Holzindustrie. Diese Bahn ist es auch, der im „Zeitreisewaggon Großhollenstein" ein Andenken gesetzt wird: Im originalen Reisewaggon des ehemaligem Transportwegs im Ybbstal kommen Zeitzeugen zu Wort, Dokumenten wird eine authentische Plattform geboten. Das Schloss Hohenlehen gehört ebenfalls zur lebendigen Geschichte, das – als Villa vor gut 100 Jahren erbaut – heute eine Landwirtschaftliche Fachschule beherbergt (hervorgegangen aus der Waldbauernschule). Als pflichtschulersetzende vierjährige Fachschule führt sie zum vollen Facharbeiter-Berufsabschluss. Das turmartig errichtete Haupthaus mit seinen beidseitigen Stiegenaufgängen ließ sich nach der Eröffnung der Ybbstalbahn der Wiener Zeitungsmagnet Gustav Davis errichten, nachdem er hier ein 1500 Hektar großes Stück Wald gekauft hatte. Zwar klagten in den 1920er-Jahren die um Haus und Hof gebrachten Kleinbauern auf eine Zwangsrückgabe und stießen eine hoch emotionale Diskussion über das „Bauernlegen" an (also die geknebelte Übernahme kleiner Bauernhöfe durch das Großkapital): Die Justiz votierte aber für das Großkapital und beließ dem Zeitungsverleger seine feudalen Latifundien. Er starb hier hochbetagt in den 1950er-Jahren.

Links: Das Jagdgut Hohenlehen war die wirtschaftliche Grundlage der Villa Hohenlehen, aufgebaut vom Gründer der Wiener „Kronen Zeitung" Gustav Davis (1856–1951) und mit viel Diplomatie erfolgreich durch die unseligen Nazijahre gebracht.

Hohenlehen ist heute eine landwirtschaftliche Fachschule, sie wurde Anfang des 20. Jahrhunderts als mondäne Villa erbaut.

Das Kraftwerk Schwarzenbach nutzt seit den 1920er-Jahren das Gefälle der Ybbs auf ihrem 34 Kilometer langen, s-förmig gewundenen Flussabschnitt zwischen Göstling an der Ybbs und Opponitz. Hier endet der Stollen von der Rohrbrücke in St. Georgen.

Auch in abgeschiedenen Lagen, wie hier in Maisberg (Hausnummer 23), weiß man überregionale Feste zu feiern.

Manchmal ist es gut, nach einem Bierzeltbesuch das Auto einfach stehen zu lassen.

Hoch über der Ybbs nutzen Bauernhöfe der Streusiedlung Thann eine gerodete Bergflanke.

Auch höher gelegene Bergrücken, wie hier in Thann (Gemeinde Opponitz), werden seit alters landwirtschaftlich genutzt.

Oberamt (Gemeinde Ybbsitz) liegt zwar noch außerhalb des eigentlichen Mostviertels, aber Birnbäume blühen ebenfalls, wenn auch etwas später.

Das Ybbstal ist oft bis weit in den Morgen mit Nebel aufgefüllt, das Ybbs-Wasser liefert die Feuchtigkeit (Gemeinde Ybbsitz).

Die Wallfahrtskirche Maria Seesal ist jüngeren Datums und hatte es letztlich immer schwer, neben dem berühmten Sonntagberg zu bestehen.

Die **Wallfahrtskirche Maria Seesal** in der Marktgemeinde Ybbsitz hat eine vergleichsweise junge Geschichte. Initiiert wurde sie erst 1864 durch eine Marienbild-Vision. Ersten Wallfahrten folgte der Bau einer Holzkapelle und bald darauf einer kleinen neobarocken Steinkapelle. Bald waren die Wände des Kirchleins voller Votivbilder als Dankeszeichen für Rettung aus der Not. Die heutige Wallfahrtskirche wurde 1906 mithilfe privater Spenden und Spanndienste Realität (man errechnete 120.000 Kronen Gestehungskosten). Die Wallfahrer-Betreuung sicherten emeritierte Pfarrer. Im Inneren als schlichte Saalkirche ausgeführt, ist die Turmfassade auf Fernsicht konzipiert. Der Hochaltar ist ein originaler Barockaltar der Basilika Sonntagberg, der dort 1740 für einen Seitenaltar entworfen worden war. Die tatsächlichen Wallfahrtszahlen blieben jedoch weit unter den Erwartungen, fällige Ausgaben übertrafen die Einnahmen schnell um ein Vielfaches: Schon innerhalb Jahresfrist musste Konkurs angemeldet werden. Zunächst war die Konkursmasse nicht an den Mann zu bringen, erst 1910 ersteigerte das k. u. k. Blindeninstitut Wien den Besitz zum Mindestgebot von 15.000 Kronen. Auf den restlichen Kosten von gut 100.000 Kronen blieben die Gläubiger sitzen, darunter die Waisenkasse von Waidhofen und das Stift Seitenstetten.

Selbst kleinste Seitentäler der Ybbs werden für die Grünwirtschaft genutzt (Maisberg, Gemeinde Ybbsitz).

Immer noch ist es eng im Tal der Kleinen Ybbs. Wie hier in Knieberg (Gemeinde Ybbsitz) reicht es gerade für den Fluss, einen Bauernhof und die Ybbstalstraße.

Ybbsitz ist die größte Gemeinde im Tal der Kleinen Ybbs, mit Marktrecht seit dem Spätmittelalter. Schon 1494 gab es eine ausführliche Zunftordnung für die zahlreichen Schmiedehandwerker im Ort.

Die Marktgemeinde **Ybbsitz** baut auf große montanhistorische Tradition. Der Ortsname leitet sich aber nicht vom „Wohnsitz an der Ybbs“ ab, sondern vom angefügten slawischen „-itz“ (wie es sich in vielen Orts- und Flussnamen findet). Im Tal der Kleinen Ybbs gelegen, die bis zum Ortseintritt eigentlich Schwarze Ois heißt, war hier mit dem steirischen Erz ein lokales Zentrum der Eisenverarbeitung entstanden. Zahlreiche montanhistorische Baudenkmäler verweisen auf diese große Vergangenheit, in dessen Konsequenz Ybbsitz heute Mitglied im Ring der Europäischen Schmiedestädte ist, mit dem Ziel einer Förderung regionaler Vielfalt des Schmiedehandwerks. Das Schmieden in Ybbsitz ist denn auch mit dem „Immateriellen Kulturerbe“ in Österreich gewürdigt; alljährlich wird in der Schmiedemeile des Orts an die große Tradition erinnert. Kirchlich und besitzrechtlich war der Ort über viele Jahrhunderte dem Kloster Seitenstetten zugeordnet, das schon 1186 Ybbsitz zur Pfarrei gemacht hatte. Im Abgabenverzeichnis des Stiftes aus dem Jahr 1290 finden sich daher viele Hofnamen, die bis heute Bestand haben. Eine andere Besonderheit des Orts wird von den Verantwortlichen gar nicht so hochgehalten, obwohl sie ein sehr zukunftsfähiges Merkmal ist: Die Einwohnerzahl ist seit gut eineinhalb Jahrhunderten weitgehend konstant geblieben. 1870: 3164 Einwohner; 2020: 3411 Einwohner. Ybbsitz kommt also wie manch anderer Ort an der Ybbs ganz ohne übliche Metastasen aus.

Die schon angesprochene Waldübernutzung zeitigte in Ybbsitz schon früh Schutzbestimmungen. Diese bezogen sich auf Beschränkungen von Weidehaltungen, um Sukzessionen zu erlauben: „Sollen die gaiß abgeschafft werden, weilen clagen wegen des abäzen des jungen holzes fürkommt." (1640) Auch an Kontrollen wurde gedacht: „Es solt ain castner mit dem ambtman und vorstern die först und holzer auf das wenigst im jar drei oder viermall bereiten." (1550) Verbote in der Holznutzung wurden ebenfalls kleinteilig festgelegt: „Gleich gestalt stellen ier gnaden auch hiemit das uberflüßige holzhacken, veröden und abkollen der unterthan aignethumlichen gehülz bei obgesetzter straff ein." (1589) Die Forstwirtschaft arbeitete dabei der dominanten Eisenwirtschaft zu, die immer Mittel und Wege suchte, eine „Andersnutzung" der Hochwälder zu unterbinden („mit hoher straf verboten aushackung, verwustung und verödung", 1752).

Sind die Berghänge weniger steil, werden sie hier im Einzugsbereich der Kleinen Ybbs zur Grünwirtschaft herangezogen (Prochenberg, Gemeinde Ybbsitz).

Was aussieht wie eine einzige Siedlung zu beiden Seiten der Ybbs, waren mit Waidhofen und Zell über Jahrhunderte hinweg zwei konkurrierende Gemeinden mit unterschiedlichen Landesherren.

Zell an der Ybbs lieferte sich über viele Jahrhunderte eine harte Rivalität mit Waidhofen auf dem gegenüberliegenden Ybbs-Ufer: Zell war ursprünglich den Passauer Bischöfen zugeordnet, Waidhofen den Freisinger Bischöfen. Obwohl Zell seither etliche Male die Besitzer gewechselt hat, blieb der unmittelbare Nachbarort für Waidhofen doch der ewige Konkurrent: Man behinderte sich im täglichen Leben ständig gegenseitig, warb mit Steuernachlässen Bürger ab und schenkte sich im konkurrierenden Eisenhandel nichts. Urkundlich erstmals 1250/1260 erwähnt, entwickelte sich der Ort als Teil der Herrschaft Gleiß am anderen Ybbsufer ziemlich parallel. Alle Versuche Freisings, den Konkurrenten schlicht aufzukaufen, scheiterten trotz der Besitzerwechsel doch immer wieder. Auch architektonisch war die Konkurrenz augenfällig, das Schloss Zell war gleich gegenüber dem Waidhofener Schloss positioniert. Die stattliche frühbarocke Anlage Zells war lange Zeit Amts- und Verwaltungsgebäude der Herrschaft Gleiß. Immerhin überspannt seit den späten k. u. k. Zeiten eine zweibogige Stahlbetonbrücke mit knapp 45 Meter Spannweite die Ybbs, Waidhofen hat sich aber nicht an den Brückenkosten beteiligt. Eine Gedenktafel nimmt Bezug auf Kaiser Franz Joseph I. Seit 1972 ist Zell ein Stadtteil von Waidhofen.

Der Ortsname **Waidhofen an der Ybbs** könnte aus dem Begriff Weidewirtschaft abgeleitet sein oder von einem Waidhof (also einem Jagdsitz) der Freisinger Vögte. Im Hochmittelalter war ja hier das bayerische Freising mit reichem Landbesitz sozusagen „Hausherr". Deshalb sprach man auch vom „bayerischen Waidhofen" und grenzte sich damit vom böhmischen Waidhofen an der Thaya ab. Eine erste Erwähnung des Namens „Waidhouen" ist mit einer „capella" (Seelsorge-Stelle) verknüpft und stammt aus einer päpstlichen Bestätigungsurkunde. Die Freisinger Besitzverhältnisse blieben auch nach der Abspaltung Österreichs vom Herzogtum Bayern erhalten, auch als um 1400 der Freisinger Bischof gleichzeitig Kanzler von Österreich war. Damals war Waidhofen ein wichtiges regionales Zentrum der Eisenverarbeitung mit 200 Schmiedebetrieben, die über Venedig selbst in den Vorderen Orient exportierten. Der Waidhofener Wahlspruch: „Ferrum chalybsque urbis nutrimenta" (Eisen und Stahl ernähren die Stadt) stammt aus dieser Zeit.

Zeichen des Wohlstands dieser Zeit sind die spätgotische Stadtpfarrkirche und die einzigartige Messerer-Monstranz. Natürlich hatte auch die erste Wiener Türkenbelagerung massive Konsequenzen (siehe auch Sonntagberg), als der türkische Terrorkrieg vor die Stadt kam, aber bei gut 300 eigenen Gefallenen überraschenderweise abgewehrt werden konnte. Ein dabei erbeuteter „Türkenschatz" wurde zum Aufstocken des Stadtturms genutzt.

Eine Katastrophe anderer Art brachte die Reformationszeit, als man vom katholischen Freising unabhängig werden wollte. Dies misslang gründlich, der Ort behielt seinen Freisinger Mohrenkopf im Stadtwappen.

Der historische Baubestand Waidhofens mit seinen gotischen Arkaden-Innenhöfen inmitten einer erstaunlich geschlossenen Altstadt stammt größtenteils aus dem Spätmittelalter. Die Altstadt breitet sich auf engem Raum im Mündungszwickel zwischen Ybbs und dem Schwarzbach aus. Mittelalterliche Wehranlagen sind vor allem im Ybbstor, dem Müllnertor und dem Lachenturm zu erkennen. Die Stadtmauer aus den Jahren um 1400 überstand mehrere Bewährungsproben erfolgreich, ob gegen ungarische Truppen oder marodierende Osmanenheere. Die Bürger waren daher zum regelmäßigen Schießtraining verpflichtet, sodass wirklich jeder seinen „Mann" stehen konnte. Solche Erfolge machten die Bürgerschaft selbstbewusst, was der bischöfliche Verwalter immer wieder zu spüren bekam. Dieser stammte meist aus bayerischem Adel, um einer österreichischen Einmischung entgegenzuwirken. Die spätgotische dreischiffige Hallenkirche mit ihren filigranen Netz-, Kreuzrippen- und Zwickelgewölben und den schlanken Achteckpfeilern zeugt von diesem Selbstbewusstsein. In der Reformationszeit eskalierten schließlich die Rivalitäten, da die Bürgerschaft protestantisch werden, das Hochstift Freising aber katholisch bleiben wollte. Obwohl damals sogar das Freisinger Wappen vom Amstettener Tor abgeschlagen wurde, blieb die Freisinger Herrschaft bestehen, Protestanten mussten auswandern. Der Österreichische Erbfolgekrieg brachte 1741 sogar bayerische Truppen in die Stadt, bis kaiserliche Truppen dies wieder rückgängig machten. Beide Kriegsparteien hatten jedoch substanziellen Schaden in Waidhofen angerichtet.

Das Rothschild-Schloss mit seinen spätmittelalterlichen Wurzeln verdankt sein heutiges Aussehen Anselm von Rothschild (1844–1911), der es 1875 zum Verwaltungssitz seiner zugekauften Domänen im Ybbstal bestimmte. Vorher war er mit einem Kaufpreis von knapp drei Millionen Gulden zum größten Landbesitzer (31.000 Hektar) Niederösterreichs aufgestiegen. Der schwerreiche Baron durfte im damaligen Zeitgeist einen neugotischen Umbau umsetzen, auffälligster Bauteil blieb dabei der 33 Meter hohe Bergfried mit neun Stockwerken und umlaufender Wehrplattform. Das herrschaftliche Wohngebäude mit zwölf Fensterachsen ist seit den Rothschild'schen Umbauten mit vorgela-

Noch heute liegen die historischen Verwaltungszentren Waidhofens und Zells einander gegenüber, inzwischen aber mit einer Brücke verbunden.

gerten neugotischen Arkaden versehen. Nach dem „Anschluss" wurde die Familie Rothschild enteignet. Louis Rothschild konnte noch die Flucht seiner Nichten Bettina und Gwendoline organisieren, er selbst wurde jedoch verhaftet und für 14 Monate im Hotel Metropol inhaftiert. 1940 flüchtete Rothschild aus Europa. In unserer Zeit wurde der Schlosskomplex schließlich generalsaniert (Nazigrößen und Besatzungssoldaten hatten es alles andere als pfleglich behandelt) und zum „5e-Museum" gemacht, das die Themenkreise Feuer, Erde, Wasser, Holz und Metall erfahrbar macht. Der dominante Glasquader auf dem Turm wurde 2006 von Hans Hollein entworfen.

Die politische Stellung Waidhofens forderte immer alles diplomatische Geschick der Stadtoberen ein. Lange, erbittert geführte Streitereien gab es vor allem mit Steyr, mit durchaus wechselnden politischen Kräfteverhältnissen. Unter König Ottokar war Waidhofen wohlgelitten, sein Aufstieg schien unaufhaltsam. 1266 bekam Waidhofen das Stadtrecht, es verstand sich als „Schlyssel zur Eisenwurzen". Die nachfolgenden Habsburger waren dagegen für Steyr eingestellt, sie verboten im Jahr 1371 der Stadt Waidhofen den Handel mit Eisen, sofern es nicht eigene Handwerker verarbeitet hatten. Der politische Hintergrund: Waidhofen befand sich nicht in landesfürstlich-habsburgischem, sondern in quasi „ausländischem" Besitz, bis 1803 war es eine bischöflich freisingische Enklave. Daher galt es aus Landesherrensicht, Waidhofen gegenüber dem oberösterreichischen Steyr zu schwächen. 1440 war dann Waidhofen dennoch wieder obenauf, als es in Habsburger Erbfolgestreitereien auf die richtige Seite setzte. Bald danach schlug das Pendel erneut zugunsten Steyrs, und der Handel Waidhofens mit „Roheisen und Halbfabrikaten" wurde auf die Deckung des Eigenbedarfs beschränkt. Nur der Handel mit genanntem Provianteisensorten, also gegen Lieferung von Proviant, blieb noch ein lukratives

Schlupfloch. Dabei war auch Steyr nicht der große Spieler, die Eisenhändler der Eisenwurzen waren ohnehin zu klein und auf sich allein gestellt: Das Großkapital saß in Nürnberg, Augsburg, Regensburg, Frankfurt, Breslau, Krakau und natürlich in Venedig, Dort spielte die Musik, dort wurden Handelsbeziehungen aufgebaut, von dort kamen die Händler, um hier einzukaufen. Sie diktierten die Preise und spielten gerne Lokalmatadoren gegeneinander aus.

Raifberg, ehemals eine „Arbeitersiedlung" der Böhler-Ybbstalwerke (Gemeinde Waidhofen).

Links oben: Vor dem Schloss breitet sich die dicht bebaute Altstadt Waidhofens im Mündungszwickel des Schwarzbachs mit der Ybbs aus.

Links unten: In der Altstadt von Waidhofen steht Haus an Haus. Mittelalterliche Siedlungen drängten sich auf sehr wenig Siedlungsraum (schließlich musste ein Ort ja gut verteidigt werden können).

Der **Naturpark Waidhofen/Ybbstal** baut auf vier Säulen: Schutz, Erholung, Bildung sowie Regionalentwicklung. Oberstes Ziel ist der Erhalt der Kulturlandschaft und der biologischen Vielfalt. Gerade Letzteres wird heute in immer mehr Amtszimmern als das große Kapital einer Region für eine nachhaltige Zukunft erkannt. Dies gelingt schon allein durch die deutlich geringere Zahl ökologischer Fußabdrücke, liegen diese mit 106 pro Quadratkilometer in Österreich doch deutlich unter den 239 pro Quadratkilometer Deutschlands oder den 199 pro Quadratkilometer Italiens. Der Erdüberlasttag Österreichs liegt dennoch im April, gerade einmal mit einem Drittel der gegenwärtigen Bevölkerung würde diese Nachhaltigkeitslinie nicht überschritten. Es hilft dem Ybbstal wenig, wenn überschlaue Zeigefinger beispielsweise auf das arabische Katar verweisen, das geradezu verbrecherisch neun Erden pro Jahr verbraucht (Stichtag ist dort der 11. Februar), oder auf die USA (5,1 Erden). Dennoch ist die vielfältige und artenreiche Natur- und Kulturlandschaft rund um Waidhofen von Haus aus weniger geschunden, was den Status des Naturparks noch wertvoller macht. Die Bildung als Nachhaltigkeitssäule wird das Bewusstsein für Biodiversität als enorm wichtigen regionalen Wert weiter schärfen. Ein früher Naturkontakt steigert erwiesenermaßen die Verbindung von Mensch und Natur nachhaltig und schafft bei künftigen Entscheidungsträgern die dringend nötige Prägung für Sensibilität bei Entscheidungen. Ohne diese schulische Säule wären Nachhaltigkeitsfundamente zu oft auf Sand gebaut und damit nicht nachhaltig.

Der Ortsname Böhlerwerk ist aus einer Werkzeugfabrik und einer Arbeitersiedlung hervorgegangen. Eine eigene Haltestelle an der Rudolfsbahn war dafür eingerichtet worden (bis 1972 eigenständige Gemeinde, jetzt Gemeinde Sonntagberg).

Beim Übertritt ins Mostviertel ist die Ybbs tief eingegraben, wie hier unterhalb des Sonntagbergs in Hilm. Das Bild zeigt zum Großteil das Gemeindegebiet von Biberbach (Oismühle).

Eintritt ins Mostviertel: vom Sonntagberg bis Amstetten

Most ist wie selbstverständlich Namensgeber des Viertels (lateinische Namenswurzel: „mustum", „junger Wein"). Er entsteht schon kurz nach dem Keltern von Obstsäften. Das Mostviertel in seinem Kerngebiet säumt zu beiden Seiten die Ybbs, der Volksmund grenzt es gerne auf alles vom Sonntagberg aus sichtbare Land ein. Touristiker haben hier ein viel weiteres Herz. Typisches Erkennungszeichen sind ausgedehnte Streuobstwiesen rund um die zahlreichen Einzelhöfe, die im Frühling ein wahres Blütenmeer produzieren (und im Herbst reiche Ernte liefern).

„Heimliche" Hauptstadt des Mostviertels ist Amstetten. Über 400.000 Birnbäume verwandeln das Mostviertel im Frühling in ein einmaliges Blütenmeer, das sich Jahr für Jahr aufs Neue zu übertreffen scheint. Initiator dieser Spezialisierung eines Landesteils auf Mostherstellung könnte weit zurückliegend eine Obrigkeitssteuer gewesen sein, die ganz trivial bayerisches Bier verteuern sollte. Anders gesagt wurde die heimische Mostproduktion gezielt subventioniert, um Bierimporte zurückzudrängen (Obrigkeiten sind nicht erst seit heute erfinderisch). Der Plan ging auf, tatsächlich initiierte der Mostverbrauch zusätzliche Anpflanzungen entlang von Straßen und Zufahrtswegen. Die Folgen sind heute noch während der Blütezeit zu sehen, wenn Gehöfte mit weißen „Bändern" sogenannter Birnbaum-Zeilen verbunden sind. Birnenblüten machen dann nicht nur optisch, sondern auch olfaktorisch auf sich aufmerksam: Für den intensiven Aroma-Cocktail sind Trimethylamine verantwortlich. Ein breites Spektrum, angefangen von Käfern, Fliegen, Wildbienen bis zu Schwebefliegen, steht als Bestäuber zur Verfügung; Honigbienen spielen dabei erstaunlicherweise keine dominante Rolle.

Birnbäume werden seit dem Altertum immer weiter kultiviert. Unser altes Lehnwort „Birne" (althochdeutsch „bira") leitet sich denn auch vom lateinischen „pirum" ab, das seinerseits aus dem altgriechischen „ἄπιον" („ápion") stammt. Die wissenschaftliche Schreibweise „Pyrus" geht auf das griechische „πύρ" („pýr", „Feuer") zurück. Birnbäume erreichen Wuchshöhen bis zu 20 Meter, sie blühen meist schneeweiß in traubigen, radiärsymmetrischen Blütenständen. Es herrscht Fünfzähligkeit bei den Kelch- und Kronblättern sowie dem Kernhaus vor. Seit Carl von Linné (1707–1778) erstmals die „Pyrus communis L." beschrieben hat, sind Dutzende weitere Arten hinzugekommen. Birnen sind Kulturbegleiter sowie Symbole der Hoffnung und Gesundheit, an denen seit der Jungsteinzeit fleißig herumgezüchtet wird. Schon Homer bezeichnete sie in der Antike als Geschenk der Götter. Zu Römerzeiten kannte man gut drei Dutzend Birnensorten, heute geht man von rund 5000 aus. Weltweit

Im Mostviertel verlässt die Ybbs die oft steilen Berge und tritt in eine leicht wellige Voralpenlandschaft mit viel Grünwirtschaft ein.

werden derzeit jährlich gut 23 Millionen Tonnen Birnen erzeugt, allein zwei Drittel davon in China. Österreich bringt es mit rund 70.000 Tonnen auf Platz 25, verständlicherweise hauptsächlich getragen vom Mostviertel.

Ein Buch über die Ybbs kann der stets latenten Frage nach der ultimativen Ausdehnung des Mostviertels ausweichen, die Ufer vom Sonntagberg bis zur Ybbsmündung gehören eh seit alters dazu. Die reine Ost-West-Ausdehnung war aber immer umstritten, schon vor den Tourismuszeiten. Der Most ist zweifellos der allgegenwärtige Wegweiser jenseits der 200 Kilometer langen Moststraße, die Birnbäume als Botschafter der alten Kulturlandschaft hat. Hier liegt die Urheimat der Mostbirne, hier breitet sich das europaweit größte geschlossene Mostgebiet aus und taucht jeden Frühling das Land in weiße Schleier. Dieses Blütenkleid gibt dem Mostviertel für gut zwei Wochen den einmaligen Stempel. Die sanft hügelige Landschaft gibt nach nahezu jeder Biegung eine weitere Nuance im Blütenweiß frei, später im Frühling gefolgt vom Zartrosa der Apfelbäume. Unzählige Aussichtspunkte fügen sich zu einer Panoramastraße zusammen und bieten zahlreiche Logenplätze auf ein blühendes Birnbaummeer. Nicht umsonst liegt hier die Wiege des „Ostarrichi-Landes“, das mit seinen sanften Hügelketten immer noch bäuerlich geprägt ist. Die allgegenwärtigen stolzen Vierkanthöfe hat im Volksmund eh der Most gebaut.

Als ob majestätische Birnbäume Spalier stehen würden. Jeder Birnbaum hat eine eindeutige Botschaft: Willkommen im Mostviertel.

Unzählige weiße Blütentupfer inmitten weiter grüner Wiesen, das ist das Mostviertel.

Viele weiße Duftspuren führen zu mächtigen Vierkanthöfen, es bedarf keiner konventionellen Wegweiser.

Viele Einzelhöfe, sekundiert von Birnbäumen, charakterisieren das Mostviertel, wie hier in Raiden gleich unterhalb des Sonntagbergs (Gemeinde Allhartsberg).

Bauernhöfe im Grünen, umstanden von Birnbäumen, kleine Bachläufe hin zur Ybbs, das ist der Fingerabdruck des Mostviertels (Baichberg, Gemeinde Sonntagberg).

Die **Basilika Sonntagberg** folgt als monumentaler Barockbau dem basilikalen Schema einer Doppelturmfassade samt Querhaus. Sie thront unübersehbar auf 712 Meter Meereshöhe und ist gemäß dem Slogan als außergewöhnlicher Ort „dem Himmel näher". Das prunkvoll geschmückte Innere thematisiert in farbenfreudigen Fresken Gottvater in seiner Schöpfung, Gottes Sohn in der Menschwerdung, den Heiligen Geist, die Dreifaltigkeit im Himmel, die Apostel sowie natürlich den letztendlichen Sieg über gottesfeindliche Mächte.

Der barocke Hochaltar ist von zwölf kannelierten Freisäulen gesäumt, die ihrerseits die zwölf Stämme Israels symbolisieren. Das Gnadenbild der Heiligen Dreifaltigkeit steht im Zentrum des Hochaltars und wird von zwei marmornen Engeln getragen. In der Sockelzone thematisieren vergoldete Bleireliefs die Predigt Johannes des Täufers, Mariä Verkündigung, Christus am Ölberg sowie das himmlische Jerusalem. Das breite Deckenfresko im monumentalen Langhaus ist der Heiligen Dreifaltigkeit gewidmet.

Der Türkenbrunnen unterhalb des Basilika-Bergs hat mit dem sogenannten Rosswunder einen handfesten Hintergrund: Bei der ersten Türkenbelagerung Wiens im Sommer 1529 durchkämmten türkische Hilfstruppen mordend die Region und nahmen auch die weithin sichtbare Kirche ins Visier (in der viele Anrainer Zuflucht gesucht hatten). An besagter Stelle scheuten jedoch die Pferde und sanken zum Teil im morastigen Boden ein. Die türkischen Truppen kehrten daraufhin um. So kam der Türkenbrunnen im Nachhinein im Volksmund zu seinem Namen. Dieser rücksichtslosen Plünderung allen Umlandes fielen im nahen Ybbsitz beispielsweise sämtliche Häuser sowie 40 umliegende Bauernhöfe zum Opfer. Unzählige Aufzeichnungen aus dieser Zeit beklagen vielfache Kriegsverbrechen und Morde durch das herumstreunende türkische Invasionsheer. Im Oktober 1529 rächte sich die Politik der verbrannten Erde bitterlich. Akuter Nahrungsmangel erzwang die Aufgabe der Wiener Belagerung. Wien blieb damals mit enormem Glück von der mordenden Türkeninvasion verschont, eine weitere (schlimmere) mit erneut unzähligen Verbrechen gegen die Menschlichkeit sollte 134 Jahre später im Jahr 1663 folgen.

Die Ybbs war hier früher bei Flößern wegen der Felsrippen im Flussbett gefürchtet, bis diese nach 1850 durch Sprengung entschärft werden konnten. Ein Gemälde im Stift Seitenstetten zeigt die steil aufragenden Felsbänke noch. Dieser quarzreiche Flysch-Sandstein war ein begehrter Rohstoff für Schleifsteine, Wetzsteine zum Sensenschärfen kamen meist von hier. Viele hoch spezialisierte Kleinbetriebe hatten in der Vergangenheit dadurch ihr Auskommen. „Sonntagberger Wetzsteine" waren wegen ihrer Qualität begehrte Handelsware, man schätzte den geringen Abrieb beim Wetzen und seine geradezu optimalen Schärfungseigenschaften. Heute lässt man diese alte Tradition wieder aufleben, holt wieder Sandstein aus den Stollen des Sonntagbergs und fertigt Wetzsteine für Sensen und Sicheln an. Früher hatte nahezu jeder Bauernhof am Sonntagberg bis zu 100 Meter lange Stollen, die im Inneren mit Trockensteinmauern abgestützt waren. In mühsamer Arbeit entstanden daraus die hochbegehrten Schleifsteine, die bis weit in den Balkan verkauft wurden. Erst in den 1920er-Jahren war diese kleinbäuerliche Produktionsweise nicht mehr konkurrenzfähig.

Im Volksmund zählt nur alles vom Sonntagberg aus sichtbare Land zum richtigen Mostviertel.

Die majestätische Basilika Sonntagberg ist wahrlich die Königin des Mostviertels.

Der Kirchweiler Windhag (eigenständig bis 1972, jetzt Gemeinde Waidhofen) in Sichtweite von Sonntagberg war 1225 als Passauer Schenkung an das Stift Seitenstetten gekommen.

Mächtige Vierkanter, wie hier in Faßberg, dominieren die flachen Bergrücken des beginnenden Mostviertels (Ortsteil St. Georgen in der Klaus, Gemeinde Waidhofen).

Einsame, aber mächtige Bauernhöfe sind das Kennzeichen des Mostviertels (Rien, Gemeinde Waidhofen).

Bei Rosenau ist das Ybbs-Tal tief eingegraben, weshalb sich Häuser wohl auch direkt ans Ufer gewagt haben.

Gleiß, eine Ortschaft der Marktgemeinde Sonntagberg, wird vom markanten Bildungszentrum dominiert. Hier finden sich Volksschule, Mittelschule, Hort und Fachschule für Sozialberufe unter einem Dach.

Manchmal stehen die Vierkanthöfe wie lose Reihendörfer nacheinander, etwa hier auf dem Bergrücken östlich vom Ort Biberbach.

Von Sankt Georgen in der Klaus aus scheint einem das Mostviertel zu Füßen zu liegen.

Wie schon angesprochen, ist Sankt Georgen kein seltener Name im Ybbstal, ein Namenszusatz ist angebracht: **St. Georgen in der Klaus** liegt in Sichtweite des Sonntagbergs auf demselben Höhenzug, nur unterbrochen durch den tiefen Ybbstal-Einschnitt. Der Beiname „in der Klaus“ findet sich erstmals im Jahr 1185 in einer Seitenstettner Urkunde festgehalten, als ein Kirchenstreit um Zehentleistungen, also die Kirchensteuer des Mittelalters, beigelegt wurde. Gestritten hatten das Bistum Passau und das Bistum Freising, deren beider Landbesitz sich gerade hier traf, darüber, wem der Zehent aus dem Gebiet „apud clusam“ zustand. Der Streit wurde zugunsten Passaus entschieden, fortan sollten die Abgaben dem Kloster Seitenstetten zustehen, das auch für die erste Kapelle „beneficium apud clusam“ Sorge trug. Schon im Jahr darauf gab es hierzu eine päpstliche Urkunde, das brachte der Seelsorgekirche in der Klaus eine erste gesicherte Erwähnung.

Mittels der Zehent-Aufzeichnungen wissen wir auch um die lokale Landwirtschaft: Angebaut wurden Weizen, Hafer und Roggen, Tierhaltungen bestanden aus Schweinen, Hühnern, Gänsen und Schafen. Die Abgaben schwankten je nach Ernte und geben so indirekt Auskunft über gute und schlechte Jahre.

Im Volksmund hat sich der Zuname Klaus in „mir gengan in di Klaus“ erhalten, was nichts mit dem heiligen Nikolaus zu tun hat, sondern mit den

Flößer-Stauwerken im Nellingbach. Im Ort selbst dominiert der spätgotische Kirchenbau mit einem zweijochigen Langhaus und einem vorgestellten Westturm. Jeder Kirchenbesucher hat (ebenso wie vom Sonntagberg) einen phänomenalen Ausblick über das Mostviertel: Man spricht gar vom Fotopunkt St. Georgen in der Klaus.

Im südlichen Stadtgebiet Amstettens macht die Ybbs einen scharfen Rechtsknick, während die hier mündende Url eine Flussgerade ausbildet. Der nur 35 Kilometer lange Nebenfluss könnte daher von der Laufrichtung als Hauptfluss missinterpretiert werden, wäre nicht das doch erheblich größere Wasservolumen der Ybbs.

Ein erster größerer Ort an der Url ist **Sankt Peter in der Au.** Hier im Schloss ist heute unter anderem das Rathaus untergebracht. Die Anfänge als Burg stammen aus dem Hochmittelalter, im Verlauf der Jahre wurde ein ansehnliches Renaissanceschloss daraus. Über die Jahrhunderte sah es viele Besitzer, bis es vor zwei Jahrzehnten die Marktgemeinde erwarb. Aus den Adelszeiten stammt noch die bauliche Verbindung der Wehrgangbrücke mit der Pfarrkirche.

Im repräsentativen Schloss von Sankt Peter in der Au residiert seit der Jahrhundertwende das Gemeindeamt.

Das monumentale Stift Seitenstetten wird in Anspielung an die vielen Vierkantbauernhöfe auch ehrfurchtsvoll „Vierkanter Gottes“ genannt.

Das Kloster **Seitenstetten** liegt am Trefflingfall, einem Nebenfluss der Url zur Ybbs. Dennoch wurde es zur mittelalterlichen Keimzelle der ganzen Region. Der Bau geht auf eine Stiftung des Jahres 1112 durch lokale Adelige zurück: Geldwerte Vorteile basierten damals auf der Übereignung von Einkünften abgabenpflichtiger Untertanen, Pfarreipfründe hatten meist landwirtschaftliche Grundlagen. Stiftungen gehörten damals zum guten Ton, um sich nach dem Tod den Zugang zum Himmel zu versichern: „Do ut des.“ („Gib, damit dir gegeben wird.“) Das Stift besaß bald umfangreiche Güter sowie ausgedehnte Waldgebiete auch über das Ybbstal hinaus. Zudem sicherten Eisengruben und Salzgewinnung die wirtschaftliche Basis einer ersten Klosterblüte. Die Neuzeit machte dies zunächst mit kostenträchtigen „Reichstürkenhilfen“ und den langwierigen Glaubenswirren der Reformationszeit wieder zunichte. Erst nach dem überstandenen Dreißigjährigen Krieg gelang daher ein wirklich wirtschaftlicher Höhepunkt, der das Stift zum monumentalen „Vierkanter Gottes“ werden ließ.

Ein prächtiges Deckenfresko gibt gleich am Eingang Regeln an die Kirchenbesucher: Taubenhändler und Geldwechsler sind wie zu Jesu Zeiten nicht willkommen. Büßer werden auf das Bild des reuigen Zöllners verwiesen, Gläubige mit dem Goldenen Tor beim Tempel in Jerusalem willkommen geheißen. Die gotische dreischiffige Basilika mit ihrem Kreuzrippengewölbe erhielt eine phänomenale barocke Inneneinrichtung. Im repräsentativen Treppenhaus zeigt ein Deckenfresko den heiligen Benedikt im Triumphwagen, eingerahmt von den damals bekannten vier Erdteilen: Europa (symbolisiert mit dem Hermelin), Amerika (mit dem Papagei), Afrika (mit dem Löwen) und Asien (mit dem Kamel). James Cooks (1728–1779) legendäre Reise hatte zwar schon kurz vorher Australien als weiteren Kontinent manifestiert, was der ausführende Künstler jedoch entweder noch nicht wusste oder für die Aufrechterhaltung seiner Symmetrie-Vision nicht wahrhaben wollte (wir wissen über die hochgehaltene Symmetrieverliebtheit des Barock). Auch das Deckenfresko des Abteisaals folgt der Regel des heiligen Benedikt: Religion, Kunst und Wissenschaft bilden eine Einheit, das Laster wird von einem wuchtigen Engel zum Fenster hinausgeworfen, die Dummheit fällt von selbst hinaus.

Das Stift Seitenstetten liegt dominant in der flachen Landschaft mit Blick auf die beginnenden Berge der Nordalpen.

Genau genommen sind es zwei ineinander verhakte Vierkanter, die von den Mönchen in Jahrhunderten aufgebaut wurden.

Aschbach war bereits zu später Karolingerzeit Urpfarrei mit einer ersten großen Blütezeit unter den Babenberger Herzögen im späten 12. Jahrhundert.

Das Nellingbachtal zeigt die typische Struktur des oberen Mostviertels: Grünlandbewirtschaftung, wo immer möglich, Baumbestände in den steilen Lagen und entlang von Wasserläufen.

Kematen war bereits zu Römerzeiten ein Brückenort. Obwohl der Ortsname keinen Bezug zum Fluss hat, verweist das goldene Wasserrad im Ortswappen auf die Ybbs. „Chemnaten“ (beheizte Häuser) wurde erstmals 1305 urkundlich festgehalten. Wie wichtig die Brücke war, zeigen Aufzeichnungen aus den Jahren 1371 bis 1379, als diese im Zuge einer regionalen Auseinandersetzung ganz gesperrt war, was den Verkehr zwischen Waidhofen und Steyr dauerhaft unterbrach. 50 Jahre vorher (1324) war in einer urkundlichen Grenzbeschreibung die Fischereigerechtigkeit auf der Ybbs bis zur Brücke bei „Chemnaten“ festgehalten worden, ebenso 1413 („Khemmaten auf der pruckhen“). Erst 1866 wurde dann eine Steinbrücke Realität, die zudem mit einer Höherlegung der Straßenführung fortan Vorspanndienste überflüssig machte. Die enorme Bedeutung der Brücke für Kematen ist heute mit der stilisierten Darstellung einer Brücke im Gemeindewappen unterstrichen, schließlich wird sie täglich von gut 10.000 Fahrzeugen genutzt.

Die Brücke zu Kematen hat viele Vorgänger, seit Römerzeiten konnte man hier die Ybbs überqueren.

Ein Kleinwasserkraftwerk soll die ufernahe Siedlung Dorf (Gemeinde Allhartsberg) vor Hochwasser schützen.

Bei allen Brücken des Ybbs-Tals, wie hier in Niederhausleiten, haben die Erbauer auch an Hochwasserzeiten mit großem Durchflussvolumina gedacht.

Die hohe Brücke und die steilen Ufer zeigen, wie tief die Ybbs sich ins Gelände geschnitten hat.

Auch die schmale Betriebsgleisbrücke achtet auf ausreichendes Durchlaufvolumen des Ybbs-Wassers (Wirtschaftspark Kematen).

Spätestens bei Schönegg hat sich die Ybbs wieder einen breiten Waldsaum erhalten können.

Schönegg (Gemeinde Steinakirchen) hält als kleine Siedlung am rechten Ybbsufer Abstand vom Fluss, ohne auf seine Vorteile zu verzichten.

Schloss **Ulmerfeld** war im August 995 in einer Tauschurkunde des Passauer Bischofs an das Hochstift Freising überschrieben worden. Zwei Jahrhunderte später kam der neue Besitzer einen großen Schritt weiter und erwirkte von Kaiser Friedrich Barbarossa (1122–1190) das Recht des sogenannten Burgwerks. Wiederum zwei Jahrhunderte später war Ulmerfeld ein befestigter Freisinger Verwaltungssitz. Dabei blieb es bis zur Säkularisation im Jahr 1803, als Napoleon nach Kaperung sämtlicher linksrheinischer bayerischer Gebiete allen Kirchenbesitz in Bayern zur Entschädigung freigab: Diebesgut wurde mit Diebesgut aufgewogen, das Kurfürstentum Bayern griff begierig zu. Bayern wurde daher Rechtsnachfolger der Fürstbistümer Freising und Passau und damit Landeigentümer mitten in Österreich. Erst der Wiener Kongress revidierte dies 1815 und drängte Bayern letztmals aus Österreich hinaus. Heute beherbergt das Schloss ein ortsgeschichtliches Museum und eine historische Waffensammlung. Der 23 Meter hohe Turm ist eine beliebte Aussichtswarte auf das Mostviertel.

Das mächtige Schloss Ulmerfeld war bis 1803 Freisinger Verwaltungssitz im Mostviertel, man sieht den Mauern ohne Zweifel noch das Selbstbewusstsein der bayerischen Verwaltungsbeamten an.

Schloss Ulmerfeld war über Jahrhunderte hinweg eine Trutzburg.

Der gleichnamige Ort Ulmerfeld hält gebührend Abstand zum Schloss.

Hausmening wurde bereits Mitte des 19. Jahrhunderts zum Industriestandort. Die Wasserkraft der Ybbs war dabei der Geburtshelfer.

Neuhofen an der Ybbs hat vor einem Jahrtausend die wichtigste Gründungsgeschichte des heutigen Österreichs geschrieben: Hier kam es im Jahr 996 mit einer kaiserlichen Schenkung zur ältestbekannten schriftlichen Nennung des Namens „Ostarrichi“ (dem späteren Namen für Österreich), als der blutjunge Kaiser Otto III. (980–1002) dem Freisinger Bischof Landschenkungen in der bayerischen Ostmark bestätigte. Ironischerweise wird diese Urkunde heute im Bayerischen Hauptstaatsarchiv in München aufbewahrt, nachdem sie 1803 vom Freisinger Archiv überführt worden war. Das Land wird in der Urkunde „regione vulgari vocabulo Ostarrichi“ genannt. Der Schenkungsumfang war großzügig, es ist die Rede von „dreißig in seiner unmittelbaren Umgebung liegenden Königshufen mit bebautem und unbebautem Land, mit Wiesen, Weiden, Wäldern, Gebäuden, mit Quellen und Wasserläufen, mit Jagden, Bienenweiden, Fischwässern, Mühlen, mit beweglichem und unbeweglichem Gut, mit Wegen und unwegsamen Land, mit Ausgängen und Eingängen, mit erzielten und noch zu erzielenden Erträgen und mit allem, was nach Recht und Gesetz zu diesen Hufen gehört ...“ Damit wechselten rund 1000 Hektar Land den Besitzer.

Voraussetzung für die Etablierung einer eigenen Markgrafschaft „Ostarrichi“ war im August 955 der fulminante Sieg gegen die ständige Ungarngefahr auf dem fernen Lechfeld. Bei diesem, ihrem 42. Raubzug beschrieb ein Chronist die Ungarn als so zahlreich, „dass man meinte, ihre Rosse könnten alle Flüsse und Seen austrinken“. Gerade mal 8000 deutsche Berittene stellten sich ihnen entgegen, Heeresabteilungen aus Lothringen und Sachsen kamen nicht rechtzeitig dazu. Dennoch war die Niederlage für die Ungarn so vernichtend, dass man erneut an eine planmäßige Wiederkolonisation Österreichs denken konnte. Heute gibt es noch 40 Orte aus dieser (zweiten) Gründungszeit, alphabetisch geordnet von A wie Abstetten (985) bis Z wie Zeiselmauer (823). Mittelfristig wurde dann die March zur neuen Ostgrenze. Knapp zwei Jahrhunderte später (1156) trennte man die Mark Österreich vom Herzogtum Baiern (so die damalige Schreibweise) ab und erhob sie zu einem eigenen Herzogtum: Der schwäbische Kaiser Barbarossa wollte damit die ständige Aufmüpfigkeit Bayerns endlich in den Griff bekommen. Das Ortswappen vereint denn auch das weißblaue bayerische Rautenmuster mit der rot-weißen österreichischen Fahne, der Mohrenkopf stammt aus dem Wappen Freisings. Das neu geschaffene Herzogtum Österreich umfasste damals etwa die Größe des heutigen Niederösterreichs.

Neuhofen hatte in diesem Kontext das Glück einer urkundlichen Nennung, der Ort wird daher auch gerne die „Wiege Österreichs“ genannt („in loco Niuuanhova dicto“). Neuhofen war auch das gesamte Mittelalter hindurch der kirchliche Mittelpunkt der Freisinger Herrschaft auf dem Ulmerfeld (so der Name der Gegend). Zum Freisinger Land gehörten Orte wie Ulmerfeld, Waidhofen, Hollenstein, Göstling oder Randegg. Die Sonderausstellung „Freising – vom Markt zur Stadt“ zum tausendjährigen Jubiläum ist denn auch der Museumsgrundstock des „Ostarrichi“-Kulturhofs, der unter anderem den „Wandel des Österreich-Begriffs“ thematisiert. Nicht unerwähnt sollte bleiben, dass der „Taufschein Österreichs“ als Urkunden-Faksimile einen Kosmonautenflug ins Weltall mitgemacht hat.

Als reiner Ort ist Neuhofen dennoch vergleichsweise klein geblieben. Zwar war der 1160 schon ein Markt („de foro“), jedoch hat sich Neuhofen niemals zum vollberechtigten Markt entwickelt. Ein Bettelbrief aus dem Jahr 1769 stapelte aber aus naheliegenden Gründen tief, als um einen Steuernachlass nachgesucht wurde: „Neuhofen ist ein armer Markt, der nur Kleinhäusl hat. [...] Neuhofen ist mit einem Dorf zu vergleichen, nur die Marktfreiheit ist vorhanden.“ Bereits 250 Jahre vorher war unvorstellbares Unheil über den Ort in Form marodierender Türken gekommen. Die Totalverwüstung des Orts bezog sogar alle Getreidefelder ein, die mit den Türkenpferden mutwillig zertrampelt wurden. 1579 versuchte dann ein Bauernaufstand Leibeigenschaft (ein beschönigendes Wort für schollengebundene Sklaverei) und ausufernde Abgabenorgien abzuschütteln. Obrigkeiten waren sehr kreativ, was man so alles versteuern konnte: Geld- und Naturalabgaben an Grund-, Vogt- und Zehentherren ließen den Einwohnern kaum etwas zum eigenen Leben; abzuliefernde Waren wie Eier, Käse, Hühner, Gänse, Schweine, Getreide oder Most wurden akribisch aufgelistet. Der Aufstand misslang bekanntlich.

Bei Neufurth schwenkt die Ybbs erstmals (kurz) Richtung Osten, bevor sie ab Amstetten dann dauerhaft gen Osten fließt.

Trotz der übernationalen Berühmtheit als Wiege Österreichs ist Neuhofen ein bodenständiger Ort geblieben.

Die spätmittelalterliche Filialkirche St. Veit in Neuhofen hat allein schon durch ihre solitäre Lage eine besondere regionale Stellung. Ein eigener St.-Veit-Verein kümmert sich um diesen historischen Platz.

Winklarn ist nicht zu verwechseln mit der gleichnamigen Marktgemeinde in der Oberpfalz, mit der seit 1974 konsequenterweise eine Partnerschaft besteht. Das niederösterreichische Winklarn wurde bereits 837 in einer Schenkungsurkunde von König Ludwig (806–876) an das Fürsterzbistum Salzburg urkundlich übertragen. Winklarn ist damit eine der ältesten Pfarren des Mostviertels, dessen ursprüngliche Holzkapelle bald mit einem spätgotischen, später barockisierten Neubau ersetzt wurde. Auffällig sind im Turm eingemauerte römische Reliefs mit Weinranken, die zurück in die Zeiten „Noricums“ verweisen. Ein deutlich jüngeres Kennzeichen des Orts ist der üppige Blumenschmuck – mehrfach wurde Winklarn zum schönsten Ort Niederösterreichs gekürt. Das schöne Ortsbild zeugt von einem hohen Maß an Gemeinschaftsgeist, der im Verschönerungsverein Winklarn seinen Ausdruck findet.

Winklarn ist ein kleiner alter Ort direkt am Ufer der Ybbs.

Heute glaubt man, die Ybbs gezähmt zu haben, Bebauungen reichen, wie hier in Hart (Gemeinde Winklarn), direkt an das Ufer.

Der schnurgerade Abkürzungskanal vom Staudamm Greinsfurth umgeht die große Ybbs-Schleife bei Amstetten.

Im Stadtwappen **Amstettens** durchzieht die Ybbs wie selbstverständlich den unteren Schildteil als gewelltes Wasserband. Der Passauer Wolf im oberen Teil war dagegen ein lange Zeit umstrittenes Wappentier, nachdem zunächst ein Steinbock-Siegel aus dem Jahr 1568 erwogen worden war, als anlässlich der Stadterhebung 1897 ein geeignetes Stadtwappen zu adaptieren war. Die Ybbs war dabei über Jahrhunderte Fluch und Segen, bevor umfangreiche Dammverbauten das Stadtgebiet absicherten. Bis zum letzten Krieg war sie ein beliebter Badefluss, dessen Wasser auch das alte Freibad Amstetten speiste. In der nachfolgenden Wirtschaftswunderzeit mutierte die Ybbs jedoch zum hoch belasteten Industriefluss, als bedenkenloser Naturverbrauch in alle Wirtschafts-Gewinnmodelle eingepreist war. Es dauerte danach seine Zeit, bis sich die Gesellschaft dies nicht weiter bieten ließ: Der Preis waren jedoch drastische Sanierungsmaßnahmen mit öffentlichen Steuermitteln, bis diese Malaise unterbrochen und die Ybbs wieder beliebtes Naherholungsziel war.

Erst 1803 fanden mit dem Reichsdeputationshauptschluss die konkurrierenden Herrschaftsrechte der geistlichen Fürstentümer Bayerns und Salzburgs ein Ende. Der folgende wirtschaftliche Aufschwung machte mit der Kaiserin-Elisabeth-Westbahn (1858) und der Kronprinz-Rudolf-Bahn (1872) Amstetten schnell zu einem wichtigen Bahnknotenpunkt für steirische Erz- und Holztransporte. Kaiser Franz Joseph I. pflegte auf seiner Fahrt nach Bad Ischl immer wieder hier Halt zu machen, was von der damaligen Bevölkerung als wichtige Ehrung empfunden wurde. Aufgrund seiner strategischen Bedeutung als Eisenbahnknotenpunkt war Amstetten im letzten Krieg mehrmals alliiertem Bombenterror ausgesetzt, nahezu alle historischen Baudenkmäler wurden vernichtet. Dennoch kann Amstetten heute mit dem Slogan „Amstetten – Pulsschlag des Mostviertels“ Bezug zur Kernlage inmitten des Mostviertels nehmen. Auch die außerordentlich günstige Verkehrsknotenlage spielt hier herein, das herrliche Ybbstal agiert sozusagen als Tor zur Donau.

Die Don-Bosco-Kirche ist das Zentrum der Pfarre Herz Jesu in Amstetten.

Der breite Hauptplatz Amstettens lädt zum Verweilen ein.

Gigerreith, eine Streusiedlung jenseits der West Autobahn A1, bietet mit dem privaten Heimatmuseum einen fundierten Einblick in früheres bäuerliches Leben im Mostviertel.

Greimpersdorf hat eine 100 Jahre alte Kapelle, die auf ein im Hochwasser angeschwemmtes Holzkreuz zurückgeht.

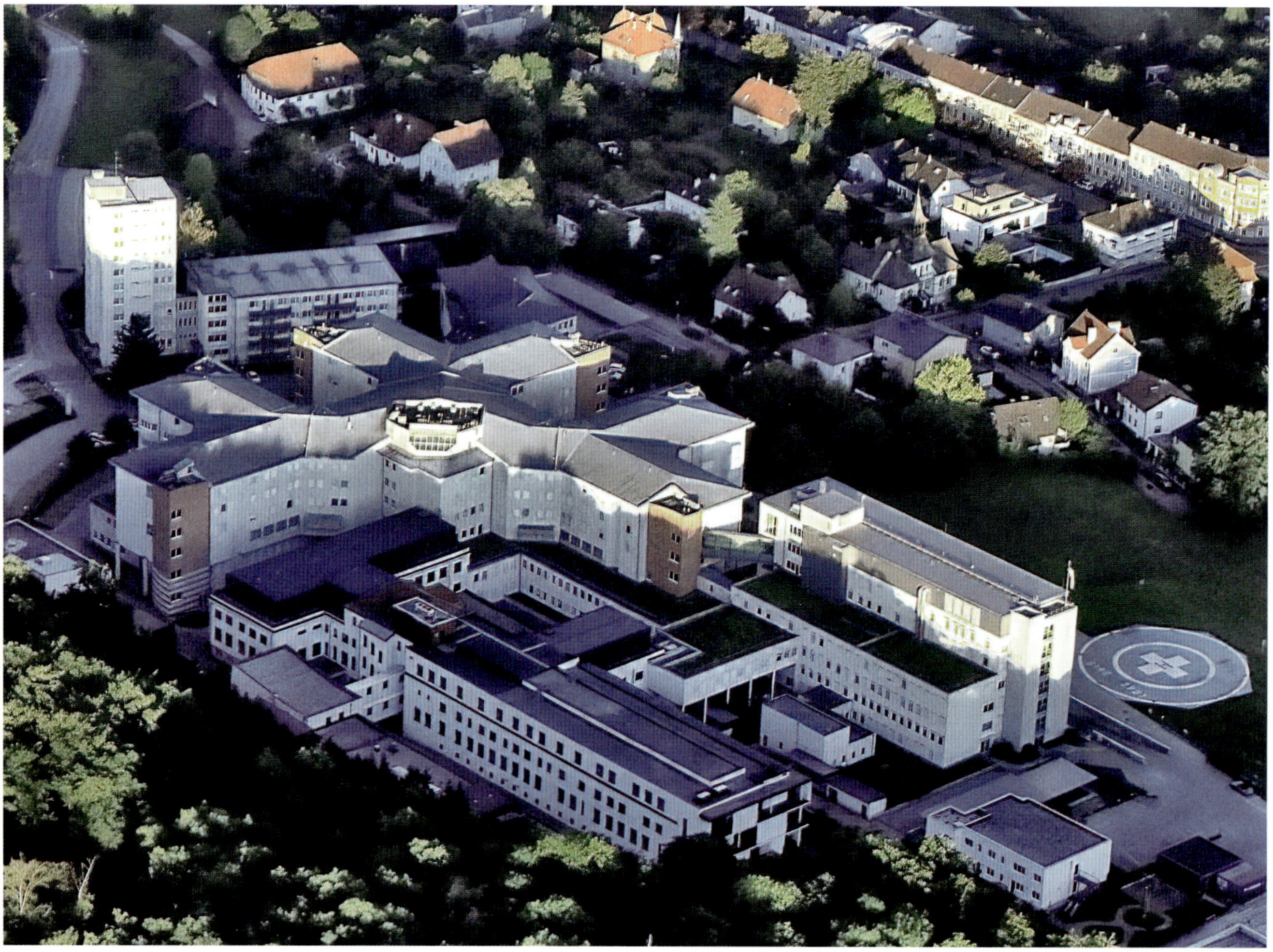

Das Landesklinikum Amstetten ist ein moderner Bau, dessen Mitarbeiter die medizinische Versorgung des Mostviertels sicherstellen sollen.

Südlich des bebauten Stadtgebiets von Amstetten bietet die Forstheide beiderseits grüne Ufer, die nur wenige Querungen aufweist.

Der große Kreisverkehr der B1 an der Ybbsbrücke in Amstetten hebt die Verkehrsnutzung des Ybbs-Ufers hervor.

Die diversen Ybbs-Inseln, hier in Winklarn, bringen für die Ökologie grüne Rückzugsorte in den Fluss.

Die Ybbsinsel im Stadtgebiet von Amstetten ist mit Uferwegen in das lokale Tourismuskonzept eingebunden.

Am Ybbs-Ufer bei Miesenwinkel kann man leicht zwischen Prallhang und Gleithang unterscheiden.

Mitten durch das Mostviertel: bis zur Mündung in Ybbs an der Donau

Unterlauf und Mittellauf sind willkürliche Unterteilungen, markante Nebenflüsse oder Landmarken fehlen als Entscheidungskriterium. Auch das Mostviertel säumt den ganzen Mittel- und Unterlauf der Ybbs, taugt also ebenfalls nicht als Grenzmarke. Gleiches gilt für den künstlich angelegten Ybbs-Mühlbach mit seinem fast 16 Kilometer parallelen Verlauf zur Ybbs.

Naturgemäß ist ein Unterlauf von geringerer Strömungsgeschwindigkeit und dichterer Besiedelung gekennzeichnet. Letzteres hat ab Neumarkt den Flusslauf stark eingeengt, linksseitige Zuflüsse fehlen ganz: Nur mehr rechtsseitig münden kleinere Bäche, linksseitig erscheint das Einzugsgebiet wie abgeschnitten. Dennoch hielten Siedlungen gebührenden Abstand zur Ybbs, gerade die untere Ybbs entzog sich sehr lange einer Regulierung; als Gebirgsfluss transportierte sie viel Geschiebe und hatte daher eine starke Tendenz zur Auflandung. Erst im 19. Jahrhundert glaubte man, mit neuen Verbauungskonzepten dagegen vorgehen zu können: Man engte das Flussprofil ein und erhöhte somit die Eintiefungskraft. Das beendete vor allem im Unterlauf das Erscheinungsbild eines weitverzweigten Furkationstypus aus Haupt-, Neben- und Altarmen, wobei die Ybbs durchaus noch ein Eigenleben hatte: Beispielsweise mussten nach dem Hochwasser 1862 nicht wenige Häuser ganz aufgegeben werden.

Die gotische Filialkirche von Eisenreichdornach (Gemeinde Amstetten) steht auf römischen und romanischen Mauerresten. Sie ist im Kern eine frühgotische Saalkirche mit einem spätgotischen überhöhten Chor.

Preinsbach ist heute eine Katastralgemeinde der Stadtgemeinde Amstetten.

Haubenberg (Gemeinde Viehdorf) liegt am Vierjahreszeiten-Rundwanderweg des Mostviertels, der mit zahlreichen einladenden Jausenstationen gesegnet ist.

Schloss Senftenegg steht etwas überhöht über der gleichnamigen Siedlung. In einer regelmäßigen Vierseitanlage ist ein rechteckiger Torturm eingelassen, eine Zugangsbrücke führt über einen teilweise noch mit Wasser gefüllten Wehrgraben. Die südliche Schauseite wird von zwei hervortretenden Rundtürmen flankiert. Ein mittelalterlicher Bergfried ist ebenfalls vorhanden, der Zwinger wurde zum Garten umgestaltet. Kreuzgratgewölbte Obergeschoßarkaden runden den Hof nach innen ab. Im westlichen Teil sind noch freigelegte Reste einer Wandmalerei erhalten. Im Spätmittelalter war der Herrensitz ein Lehen der Regensburger Fürstbischöfe, zeitweise auch ein Afterlehen des bayerischen Herzogs. Die Besitzer wechselten häufig, jedoch blieb das Gut bis heute in Privatbesitz. Ein großer Meierhof unterhalb des Schlosskomplexes verweist auf die lange landwirtschaftliche Basis der Herrschaft.

Schloss **Freydegg** verweist mit seinem viergeschossigen Torturm auf alte Grenzen: Im Hochmittelalter regierte hier das Regensburger Fürstbistum, der kleine Ferschnitzbach war die Grenze zur Hofmark der Freisinger Fürstbischöfe. Ab den 1550er-Jahren hatten die Herren zu Schwarzenau das Sagen, die sich schnell zu Führern der protestantischen Landstände aufschwangen. Mit reichen Einkünften aus der Wachau hatten sie das nötige Kleingeld, um eine der schönsten Renaissanceanlagen Österreichs entstehen zu lassen. Auch die Innenausstattung war rekordverdächtig, Freydegg soll sogar die Schallaburg übertroffen haben. Die Blüte währte aber nur kurz: 1581 kamen während einer Hochzeitsfeier durch einen Deckeneinsturz mehrere Festgäste zu Tode, 1597 richteten Plünderungen aufständischer Bauern enorme Verwüstungen an. Später wurde die verfallene Schlossanlage als ordinärer Steinbruch genutzt. Heute sind Reste des einstigen Renaissance-Prunkbaus überwuchert, nur ein viergeschossiger Torturm überragt noch die umgebenden Bäume.

Schloss Senftenegg in der Marktgemeinde Ferschnitz ist ein repräsentatives vierseitiges Anwesen aus der frühen Neuzeit, das bis heute in Familienbesitz ist.

St. Georgen gibt es als Ortsnamen drei Mal im Ybbstal (St. Georgen am Reith, in der Klaus sowie am Ybbsfelde).

St. Georgen am Ybbsfelde (der dritte Ort dieses Namens im Ybbstal) wird erstmals 1230 im Babenberger Urbar genannt. Die Georgkirche wurde ursprünglich als ein Teil der Wehranlage „Averhilteburchstal" errichtet. Zweimalige türkische Kriegsverbrechen zerstörten alles Leben im Ort, dazwischen sammelten sich im Bauernkrieg von 1597 die Aufständischen, bevor sie auf Aristokratenjagd in der Region gingen. Ganz im Sinne solcher Kämpfe tritt auch im Gemeindewappen der heilige Georg mit langer Lanze gegen den großen Drachen an. Eine mächtige Metallskulptur zeigt den Heiligen auf aufbäumendem Pferd mit der unbändigen Entschlossenheit, gegen den Drachen als dem Sinnbild des Bösen zu kämpfen. Weniger martialisch erinnert das Türkenkreuz an den Mord an einer Bäuerin anlässlich der Türkenbelagerung im Jahr 1683. Das Original als ältestes Denkmal St. Georgens ist heute im Gemeindeamt aufbewahrt. Die spätgotische dreischiffige Staffelkirche mit Kreuz-, Netz- und Sternrippengewölbe kam zwar im Türkenkrieg ebenfalls unter die Räder, konnte aber wiederhergestellt werden. Hier trifft seit fast drei Jahrhunderten (1733) durchaus harmonisch Alt auf Neu: Der gotische Kern schließt mit einem barocken Zwiebelhelm ab und vereint die spätmittelalterliche Gotik mit dem lebensfrohen Barock des Nachgangs der überstandenen Türkeninvasion.

St. Georgen am Ybbsfelde ist eine Marktgemeinde mit knapp 3000 Einwohnern. Im Babenberger Urbar wurde die Siedlung 1230 erstmals urkundlich erwähnt.

Krahof spaltete sich 1931 von St. Georgen ab, nachdem man sich nicht über die Aufteilung von Unwetterentschädigungen hatte einigen können. 40 Jahre später ging man wieder gemeinsame Wege.

Allhartsberg besitzt einen spätgotischen Kirchenbau mit einem wertvollen Barock-Altar, der bis 1677 auf dem Sonntagberg der Hochaltar war.

Die Marktgemeinde Ferschnitz mit ihren knapp 2000 Einwohnern verweist mit gefluteten Wellenbalken im Wappen auf die Ybbs.

Bei Günzing (Gemeinde Ferschnitz) sind die Ufer noch landwirtschaftlich genutzt. Bebauungen rücken nah an das Ufer.

Ab Günzing werden die Waldstreifen am Ufer wieder breiter.

Heute queren immer wieder Brücken die Ybbs, wie hier die Landesstraße L 6051.

Truckenstetten (Gemeinde Ferschnitz) liegt etwas abseits der Ybbs (wie die meisten anderen Siedlungen). Einzelne Ortsbebauungen reichen aber direkt an das Ufer.

Links oben: Die Ybbs ist zwar auf ein Flussband eingeengt, doch deuten, wie hier bei Matzendorf (Gemeinde St. Georgen am Ybbsfelde), immer wieder kleine Stromschnellen auf ein gewisses Gefälle hin.

Rechts oben: Die Waldstreifen am Ufer werden breiter, was auch ein Zeichen eines tiefer gelegenen Tals der Ybbs ist.

Immer wieder sollen kleine Strombarrieren eine Eintiefung der Ybbs verhindern.

Zarte Morgennebelschleier, wie hier bei Aufenthal (Gemeinde Euratsfeld) sind nicht selten in den frühen Morgenstunden.

Gumpenberg (Gemeinde St. Georgen am Ybbsfelde) ebenso wie Perasdorf liegen mit mächtigen Vierkanthöfen als kleine Siedlungen am Rande des Einzugsgebiets.

Der Ausee hat seinen Namen von der ehemaligen Au-Landschaft entlang der Ybbs. Hier sind aufgelassene Kiesgruben einer Freizeitnutzung zugeführt worden.

Der gut 20 Hektar große Ausee in Blindenmarkt verfügt über einen starken Grundwasserdurchfluss und kann daher einen sicheren Badespaß bieten.

Heute ist ein Queren des Ybbstals unproblematisch, selbst kleine Landesstraßen, wie hier die L 5051, verfügen über moderne Brücken.

Im beginnenden Unterlauf ist die Ybbs von zunehmend breitem Wald umgeben, Siedlungen halten respektvollen Abstand.

Die Marktgemeinde Blindenmarkt, 1220 als „Plintenmarct" gelistet, liegt im respektvollen Abstand von der Ybbs an der Bundesstraße 1.

Von **Blindenmarkt** sind alle Gründungsunterlagen während der ersten Wiener Türkenbelagerung in Flammen aufgegangen. Während der beiden türkischen Invasionen machten die Osmanen keine Gefangenen, verbrannte Erde im Ungläubigen-Land war die ausgegebene Herren-Devise. Osmanische Krieger waren fanatische Krieger, der Koran gab schließlich den Freibrief zum Ungläubigen-Mord und versprach Belohnung mit 72 Jungfrauen im Jenseits. Die Ortsgeschichte musste also nach der Türkenvertreibung neu beginnen. Schloss Auhof war ursprünglich der Meierhof („Hof zu Au auf dem Ybbsfeld") eines Jagdschlosses. Zwischenzeitlich schlossartig ausgebaut, war es im 19. Jahrhundert ein Verwaltungs-, Herrschafts- und Landgerichtssitz. Nach diversen Nutzungs- und Besitzerwechseln kam das Anwesen schließlich als Schenkung an eine Kongregation. Heute ist es ein Ordenshaus und steht unter Denkmalschutz.

Schloss **Hubertendorf** gibt sich modern, hat aber hochmittelalterliche Wurzeln. Um 1270 war von einem „Hermannus de Herbortendorf" die Rede. Nichtsdestotrotz stammt der heutige Bau aus jüngeren Zeiten, Bauberichte stammen aus dem Jahr 1800. Knapp 100 Jahre später erfolgte eine Geschossaufstockung, die Fassade wurde barockisiert. Das letzte Jahrhundert brachte diverse Nutzungen, zunächst als Lazarett im Ersten Weltkrieg, dann als Nationalpolitische Lehranstalt in der Nazizeit. Die während der russischen Besatzungszeit (1945–1955) entstandenen Schäden wurden anschließend in einer umfassenden Generalsanierung behoben.

Die Schlacht von 788 am Ybbsfeld bei **Neumarkt an der Ybbs** ist urkundlich gesichert. Damals verleibten die Franken unter Karl dem Großen (747–814) das Land östlich der Enns dem Frankenreich ein („die Schlacht fand zwischen frankengeführten Baiern und Awaren auf dem Ybbsfelde statt"). Die Stadt selbst ist jüngeren Datums, auch wenn der Stadtname aus zweierlei Gründen irreführend ist: Zum einen ist er noch mehr als drei Dutzend Mal vergeben (was einen Namenszusatz hilfreich macht), zum anderen stammt das „Neu-" aus der hochmittelalterlichen Gründungszeit: In einem Passauer Urbar war kurz nach 1200 die Ansiedlung als „apud novum forum" („am neuen Markt") aufgeführt. Am Ybbs-Übergang wurde damals Straßenmaut erhoben. Drei Jahrhunderte später gab es folgerichtig ein repräsentatives Herren- und Mauthaus, es wird heute teilweise als Rathaus genutzt. Das Museum im Obergeschoß stellt die Fundstücke des Hockergräberfelds Haidenschaft aus, die ab 1961 bei Rettungsgrabungen im Zuge des Schotterabbaus sichergestellt werden mussten. Männer waren als rechtsseitige Hocker mit dem Kopf nach Westen bestattet worden, Frauen anders herum. Insgesamt wurden bislang knapp 100 Bestattungen und zahlreiche Siedlungsreste aufgedeckt, deren Alter von der beginnenden Frühbronzezeit bis in die frühmittelalterliche Karolingerzeit datiert werden konnte.

Neumarkt ist überall im deutschsprachigen Raum ein irreführender Name, sind doch nahezu alle diese Orte im Mittelalter gegründet worden.

Neumarkt führt „an der Ybbs“ im Namen, da zu viele Orte denselben Namen haben. Mit dem Zusatz ist die Zuordnung eindeutig.

Neumarkt hält Siedlungsabstand von der Ybbs, sodass sich die West Autobahn A1 noch dazwischenzwängen konnte.

Schloss Hubertendorf (Gemeinde Blindenmarkt) beherbergte lange Zeit eine landwirtschaftliche Fachschule und zeigt sich heute umfassend renoviert.

Der landwirtschaftliche Boden ist zwar wertvoll (hier bei Hubertendorf), eine Ausbeutung des darunterliegenden Kieses meist aber noch wertvoller (zumindest im kurzfristigen Zeitrahmen).

Manche Herrenhäuser haben immer wieder wechselnde Nutzungen, wie im vorliegenden Fall in Neumarkt als Tanzlokal.

Der Brückenverlauf zwischen Freidegg (Gemeinde Ferschnitz) und Hermannsdorf (Gemeinde St. Georgen am Ybbsfelde) zeigt eindrucksvoll die Tiefe des Tales.

Je steiler die Ybbs-Ufer, umso breiter scheint die Uferbewaldung zu sein, wie hier im Gemeindebereich von Blindenmarkt.

Im Unterlauf hat man manchmal den Eindruck, gar nicht in einer dicht besiedelten Region Österreichs zu sein.

Hier kreuzt die Landesstraße L 6046, nur aus der Luft sieht man die naturnahe Umgebung.

Schloss **Kemmelbach** ist um 1100 als „Cheminatenbach“ beschrieben, was man etwa mit „beheizbares Gebäude am Bach“ übersetzen könnte (Kemenate ist ein fester Begriff aus der Burgenzeit). Besiedelt war das Ortsgebiet schon länger, wie ein formschönes ausgegrabenes Bronzeschwert beweist. Das Schloss ist eine stattliche Vierflügelanlage, von deren vielen Besitzern manche daran weiterbauten, während andere sie nur verwalteten. Ein turmartiger zweigeschossiger Stöckel ist über einem quadratischen Grundriss aufgesetzt und mit einem frei stehenden zweigeschossigen Rundturm versehen. Der heutige Bau war für gut 50 Jahre ein Dominikanerinnen-Kloster, bevor er in den Besitz der Marktgemeinde kam. Seit der jüngsten Generalsanierung bietet die Einrichtung gut 50 Werksplätze sowie nach wie vor einen riesigen Obstgarten, dessen Erträge Jahr für Jahr der lokalen Mostproduktion zugeführt werden.

Erhaltung historischer Bausubstanz ist das eine, eine praxisnahe Nutzung das andere: In Schloss Kemmelbach ist dies gelungen.

Schloss Seisenegg erstrahlt nach harter Vergangenheit heute wieder in altem Glanz.

Schloss **Seisenegg** im gleichnamigen Dorf ist auf einem schmalen Felsengrat erbaut und Nachfolger einer mittelalterlichen Doppelburganlage, die durch parallele Bachläufe isoliert war. Auf rechteckigem Grundriss ist im Sockel die klassische Burg mit starkem Bering noch erkennbar, ein massiver Bergfried und Palas tun ihr Übriges. Zusätzlich ist ein heute abgegangener Balkenkranz eines umlaufenden Wehrgangs erkennbar. Das Mauerwerk datiert ins Spätmittelalter. Das filigrane Kreuzrippengewölbe der Doppelkapelle zeigt heute wieder wertvolle Fresken der Entstehungszeit, nachdem sie lange übertüncht waren. Erst im 17. Jahrhundert wurde eine Umgestaltung der Kernburg zur repräsentativen Vierflügelanlage um einen winzigen Innenhof vorgenommen. Aus der Zeit um 1750 datiert die heutige Fassadengestaltung, die dem Altschloss ein Neuschloss vorlagerte und einen umlaufenden Zwinger früherer Wallanlagen integrierte. Man sieht es dem Altschloss nicht mehr an, dass es in den 1920er-Jahren teilweise eingestürzt war.

Der Triesenegger Bach als kleiner Nebenfluss der Ybbs ist Namensgeber des kleinen Orts.

Schloss Karlsbach vereint harmonisch mit der Burgruine und dem neuzeitlichen Herrenschloss weit zurückliegende Vergangenheit mit jüngerer Gegenwart.

Sankt Martin am Ybbsfelde hat schon per Namenswahl karolingische Wurzel. Hier schlug ein fränkisches Königsheer im Jahr 788 erstmals die slawischen Awaren.

Schloss und Burgruine **Karlsbach** bilden eine historische Einheit. Letztere stammt aus dem Mittelalter, Ersteres als repräsentatives Herrenschloss aus der Neuzeit. Burg „Chornspach" bestand im Hochmittelalter aus Hochburg, Vorburg und Bastei und leistete als wehrhafte Festung seine Dienste. Selbst als Ruine macht sie einen furchteinflößenden Eindruck. Die Hochburg mit ihrem fast quadratischen Grundriss war mit vier massiven Ecktürmen bewehrt; drei Meter dicke Mauern waren mit damaligen militärischen Mitteln nicht zu brechen. Erst im Zeitalter von Kanonen wurde sie militärisch wertlos, ihre Steine wurden später für den Bau von Schloss Hubertendorf requiriert. Die Vorburg bekam sozusagen eine zweite Chance und wurde vor einem Jahrhundert zum Schloss umgebaut. Dieses dominiert noch heute die Nordflanke des Ybbs-Tales.

Karlsbach und **Sankt Martin** sind Siedlungen auf dem historischen Ybbsfeld, dem schon genannten Schlachtfeld zwischen den Franken und den Awaren. Sankt Martin wurde nach der Völkerwanderungszeit von den Bajuwaren als Urpfarrei gegründet. Schon die bloße Wahl des Kirchenpatrons weist in die karolingische Zeitepoche. Auch der Kirchenbau lässt mit seinem massiven gotischen Westturm und frühgotischen Chor mittelalterliche Wurzeln einer Wehrkirche vermuten. Ein achtseitiger Taufstein stammt aus den allerletzten Jahren der Spätgotik.

Kein seltener Anblick mehr: das Mostviertel aus einem Ballon aus luftiger Höhe kennenlernen.

Der Verlauf der Brücke zeigt, dass diese Häuser von Breitenschollen (Gemeinde Wieselburg-Land) hoch über der Ybbs liegen.

Ybbs an der Donau markiert die Mündung der Ybbs, hier endet der 138 Kilometer lange Lauf des Flusses. Im historischen Stadtgebiet mündet der Ybbser Mühlbach direkt in die Donau. Der Ort findet sich in den Salzburger Kammerbüchern, da Kaiser Ludwig der Deutsche (806–876) dem Salzburger Bischofsstuhl ein „Gebiet im Slawenland" an der Ybbs schenkte („Ipusa iuxta Ipusa flume"). Politisch entscheidend waren die Jahre ab 1276, als man dem frisch gewählten Habsburger König Rudolf I. (1218–1291) die Stadttore öffnete und in den Folgejahren entsprechend gefördert wurde. Dabei zählte der bereits 55-jährige Rudolf nicht zur ersten Adelsriege, schließlich wollten die Kurfürsten einen schwachen Kandidaten auf dem Thron haben, um weiter eigene Süppchen kochen zu können. König Ottokar II. von Böhmen (1232–1278) fühlte sich daher zu Recht übergangen, hätten doch sein Rang sowie seine ausgedehnten Ländereien ihn prädestiniert. Er verweigerte dem „kleinen Grafen" die nachbarliche Huldigung und verschanzte sich in seinem böhmischen Königreich, das zu diesem Zeitpunkt unter anderem auch weite Teile Österreichs umfasste. Es kam zum Krieg und nach vielen Windungen 1278 zur Entscheidungsschlacht auf dem Marchfeld. Obwohl Ottokar eigentlich alle Trümpfe in der Hand hatte und mit 6500 Panzerreitern gegen die 4500 Rudolfs haushoch überlegen antrat, gewann Rudolf mit „unehrenhaften und unchristlichen Maßnahmen" ohne jeden ritterlichen Kodex. Gegen alle Gepflogenheiten wurden keine Gefangene gemacht (für die sich Lösegeld hätte erpressen lassen), den geschlagenen Ottokar erschlug man auf der Flucht.

Für die Habsburger verlagerte diese gewonnene Schlacht sukzessive das Familienzentrum vom Rhein nach Österreich und legte letztlich das Fundament des späteren habsburgischen Weltreichs, auch wenn Rudolf nicht mehr zum Kaiser gekrönt wurde. Ohne Rudolf wäre die Geschichte sicher anders verlaufen, mit ihm begann für die österreichischen Länder die habsburgische Herrschaftsordnung, die bis 1918 dauern sollte.

Auch dessen Enkel Friedrich der Schöne (1289–1330) war in seinen kurzen Regierungsjahren der Stadt zugetan und verlieh ihr das sogenannte Uferrecht (zum Betreiben von Handel). Das Jahr 1314 wurde sein Schicksalsjahr, als die deutschen Kurfürsten neben Friedrich auch Ludwig den Bayern (1282–1347) zum König wählten. Obwohl beide als Vettern gemeinsam aufgewachsen waren, initiierte diese Doppelwahl letztlich einen Bürgerkrieg zwischen beiden. Für Friedrich endete dieser 1322 bei Mühldorf am Inn in der letzten großen Ritterschlacht ohne Feuerwaffen mit einer desaströsen Niederlage. Er wurde gefangen genommen und musste eine mehrjährige Gefängnishaft in der Oberpfälzer Burg Trausnitz antreten, die ihm seine Gesundheit ruinierte und ihn schon im Alter von 41 Jahren sterben ließ. Ybbs durfte dennoch alle Privilegien behalten und profitierte fortan bevorzugt vom Donauhandel. Im Passauer Kasten an der Donaulände, dem ältesten Gebäude von Ybbs, wurden über Jahrhunderte die jährlichen Abgaben für Passau gesammelt. Heute kann Ybbs wie viele österreichische Städte zudem etwas bieten, wovon deutsche Städte nicht einmal träumen können: Die Bevölkerungszahlen sind seit einem guten Jahrhundert konstant (1910 mit 5681, 2010 mit 5674 Einwohnern). Kein Weglocken junger Talente aus anderen Gesellschaften, kaum Metastasen im Stadtbild, die üblichen Goldkalb-Fanatiker müssten todunglücklich sein. Nachhaltigkeit in Sachen ökologischer Fußabdruck ist also möglich. „Tu felix Austria" hieß es früher in einem anderen Zusammenhang, diesen Leitspruch könnte man heute durchaus im neuen Kontext für Ybbs übernehmen.

Ybbs war Teil des legendären römischen Donau-Limes. Nicht umsonst ist in der römischen Landkarte „Tabula Peutingeriana" Ybbs als befestigter Flussübergang eingezeichnet („ad ponte ises"). Eine zweite historische Quelle, die „Notitia dignitatum", erwähnt den Ort kurz vor dem Untergang Roms in einer Militärliste „ad ivvense“ (wohl im Zusammenhang eines Flottenstützpunktes im Mündungsbereich der Ybbs). Der Grenzschutz wurde meist mit kleinen Ruderbooten (sogenannten Liburnae) sichergestellt, die mit zwei Ruderer-Reihen schnell und effizient manövriert werden konnten. Strudel und Stromschnellen hatten die Donau flussaufwärts nur schwer passierbar gemacht, die Station Ybbs war daher sicherer Ankerplatz und Stützpunkt für flussabwärts führende Patrouillen. Archäologische Hinterlassenschaften sind dennoch selten, sieht man von einem spätrömischen Grabstein oder dem sogenannten Dreikaiserstein aus dem Jahr 370 nach Christus ab. Letzterer wurde 1508 gefunden, ging aber später in Wien verschollen.

Das Donaukraftwerk Ybbs-Persenbeug, nur kurz vor der Ybbsmündung donauaufwärts gelegen, entstand in den 1950er-Jahren als erstes rein österreichisches Laufwasserkraftwerk an der Donau. Die Planungen reichten aber in die 1920er-Jahre zurück, 1938 begannen vorbereitende Bauarbeiten. Nach dem Krieg machte man sich wieder daran, nachdem im Sommer 1953 die sowjetische Besatzungsmacht die beschlagnahmte Baustelle freigegeben hatte. Die 460 Meter lange Staumauer musste in Nassbauweise im Strombett errichtet werden. Zwei Schleusen in der Dimension von 24 x 230 Meter sichern weiterhin den Schiffsverkehr, das Donauwasser staut sich rund 34 Kilometer zurück. Es wurde 1958 zum Symbol des österreichischen Wiederaufbaus und der Zweiten Republik – die Sowjets hatten inzwischen Österreich gegen die verbindliche Zusage einer immerwährenden Neutralität verlassen.

In all den Jahrhunderten vorher bedurfte es Fähren zum Queren der Donau, was nicht immer ungefährlich war. Fähren konnten schließlich den Stromschnellen nicht aus dem Weg gehen, Berichte über Fährunglücksfälle sind lang. Adalbert Stifter (1805–1868) fügte beispielsweise ein Übersetz-Erlebnis in seinen historischen Roman „Witiko“ (1867) ein: „Alle sammelten sich nach und nach auf dem Dach des Schiffes. Als man zu der weißen Fläche gekommen war, stimmten die Menschen ein lautes Gebet an. Die Männer, denen die Leitung des Schiffes anvertraut worden war, spähten sorgsam, arbeiteten emsig und lenkten das Schiff in ein schnelles, tiefes Wasser zwischen dem Inselturme und der weißen Fläche, welche schäumendes, tosendes Wasser über Geklippe war. Das Schiff ging geschwinde in dem tiefen Wasser hinunter, wurde um einen Felsen gelenkt, und hinter dem Felsen sah man den Wirbel, der sich in großen Ringen drehte.“ Es waren die gefürchteten Stromschnellen donauaufwärts bei St. Nikola, die der Stadt Ybbs ihre historische Rolle in der Donauschifffahrt sicherten: Nach überstandener Unbill löhnte man gerne Maut und bezog das Nachtquartier in Ybbs.

Die Kleinstadt **Persenbeug** liegt schräg gegenüber der Ybbsmündung. Der Ortsname leitet sich aus der „Bösen Beuge“ ab und nimmt Bezug auf gefährliche Wasserwirbel und Unterwasserfelsen aus der Zeit vor der Errichtung des Staudamms. Schloss Persenbeug, erstmals 883 als „ad Biugin“ urkundlich erwähnt, ist unbestrittenes Wahrzeichen der Gemeinde. Seine Geschichte ist lang und nicht immer friedlich. 1045 war in festlicher Runde diverser geistlicher und weltlicher Würdenträger der Boden des Saales eingestürzt, was mehrere Personen nicht überlebten. 1521 nahm hier der spätere Kaiser Ferdinand I. die Huldigung der Landstände entgegen. Bei dieser Gelegenheit wurden Persenbeug das Marktrecht und die Hochgerichtsbarkeit gewährt. 1887 wurde hier der letzte Kaiser Österreich-Ungarns geboren: Als Karl I. hatte er nur von 1916 bis 1918 dieses Kaiseramt inne und konnte von der Hofburg aus keine neuen Akzente mehr setzen. Eine Matrosen-Revolte der k. u. k. Marine in der Adria im Februar 1918 wurde zwar noch blutig niedergeschlagen, doch die November-Revolution 1918 zwang ihn zum Verzicht auf „jeden Anteil an den Staatsgeschäften“. Karl wurde schließlich des Landes verwiesen und endete nach einem kurzen Schweizer Zwischenaufenthalt im Exil auf Madeira. Dort starb er bald darauf (1922) an den Spätfolgen der Spanischen Grippe, spitze Zungen lasten seinen frühen Tod aber auch den damaligen ärztlichen Behandlungsmethoden an. Seine Frau Zita überlebte ihn um 65 Jahre und sprach von ihm weiter als „der Kaiser“. Als sie 1989 in der Wiener Kapuzinergruft zu Grabe getragen wurde, war neben ihrem Sarkophag der Platz für den Sarkophag Karls I. vorgesehen. Nach seiner Seligsprechung im Jahr 2004 blieb Karl jedoch in Madeira beigesetzt. Das Schloss wird bis heute von der Familie Habsburg-Lothringen bewohnt.

Dieses Bild vom Unterlauf könnte von irgendwo in wenig besiedelten Räumen stammen, der landwirtschaftliche Raum des Mostviertels hat also durchaus ungewohnte, sehr positive Überraschungen.

Vor den Toren der Stadt Ybbs nutzt reger Schiffsverkehr die zentrale Wasserstraße der Donau.

Links oben: Die Altstadt von Ybbs drängt sich als wichtiger Etappenort dicht an das Donauufer.

Links unten: Das Therapiezentrum Ybbs an der Donau stellt gut 300 Betten für eine psychiatrische und eine sozialtherapeutische Einheit.

Das geschichtsträchtige Schloss Persenbeug thront auf dem gegenüberliegenden Donauufer.

Unterhalb des Schlosses breitet sich die Ortschaft Persenbeug direkt am Donauufer aus.

Die markante Donau-Aufstauung bei Persenbeug hat nicht nur großen Einfluss auf das Donauwasser, auch der Hochwasser-Rückstau in die Ybbs ist spürbar weniger geworden.

Ein Donaukraftwerk ohne Schleuse wäre undenkbar, ist die Donau doch die Hauptwasserstraße ganz Österreichs.

Die unmittelbare Nähe der Schleuse zum Schloss zeigt die Ortswahl der ursprünglichen Burgbefestigung, einschließlich der Rolle bei Schiffskontrollen.

An der Schleuse kann es bei hohem Verkehrsaufkommen zu Rückstauungen wartender Schiffe kommen.

Der Mündungsstrom Donau ist für Passagierschiffe eine beliebte Flussstrecke.

Die Ybbs-Mündung erscheint an der breiten Donau winzig, es sind aber selbst bei Niedrigwasser knapp 5 Kubikmeter Wasser, die der Donau rund um die Uhr zugeführt werden.

Hagsdorf liegt direkt gegenüber der Ybbs-Mündung auf der anderen Donauseite.

Natur- und Umweltschutz

Der Werbeslogan „Die lauteste Meinung hat oft nicht die geringste Ahnung“ könnte die Malaise des Naturschutzes porträtieren, wird er doch vom Goldenen Kalb des ewigen Wachstums zum Versager mit Ansage abgestempelt: Er wird im Kleinen ganz groß und im Großen möglichst ganz klein gemacht. Beim Naturzerstören ist Tricksen wichtigste Trumpfkarte: „Niemand hat die Absicht, Natur zu zerstören“, den Originalsatz aus dem Jahr 1961 kennt wohl jeder noch, ebenso wie jeder weiß, um was für eine massive Lüge es sich dabei handelt. Jedes Land in Europa versiegelt pro Tag unwiderruflich Natur, keines schafft aber nur im Ansatz eine Nullbilanz.

Das Ybbstal ist hier leider keine Ausnahme. Unsere obersten Götzendiener lassen auch gar nichts anderes zu: Ewiges Wachstum und eine endliche Erde passen halt nun einmal nicht zusammen, auch wenn unsere Wachstums-Fetischisten gerne von Besiedelungen des Weltraums faseln. Wie lange dürfen diese Zeitgenossen Naturschutz noch auf niedere Ränge verweisen und als Bremser brandmarken? Das unwürdige Geschachere des täglichen Flächenfraßes wächst sich zum ultimativen Eisberg aus, dem keine noch so starke Schiffswand gewachsen ist. Die Ideologie des ewigen Wachstums will nicht wahrhaben, dass ihre Zeit längst abgelaufen ist, stattdessen beschwert sie sich öffentlichkeitswirksam ständig über einen denunziatorischen Ton der Debatte. Gekaufte Symbolpolitik stützt Naturvergewaltigung und lässt unsere Gesellschaft im großen Krieg mit der Natur schlafwandeln. Ganze Hochglanz-Universitäten folgen dieser Vision und sichern den Nachschub an fanatischen „Gläubigen“. Erste Degrowth-Lehrstühle (Postwachstum) machen zwar Hoffnung, indem sie Wege aufzeigen, wie eine Wirtschaft ohne Wachstum funktionieren könnte. Bis diese aber wirklich Oberwasser bekommen und die übermächtigen Märchenonkel des ewigen Wachstums entmachtet haben, ist das Kind längst im Brunnen ertrunken.

Was wäre das Mostviertel ohne die blühenden Birnbäume?

Im Mostviertel leben weniger „Anywheres“, gemeint sind die mobilen, globalisierungsaffinen und geldverliebten Zeitgenossen, die jedem Geld bedenkenlos hinterherziehen, statt Heimatwurzeln zu respektieren. Die Goldenes-Kalb-Sekte hat zwar im Ybbstal gottlob (noch?) keine unverrückbare Oberhand. Spekulanten suchen zwar auch hier ihre Profite zu machen, geben sich gerne als volksnahe

Investoren und vermeiden den Eindruck der berüchtigten „Heuschrecken", die weiterziehen, wenn es andernorts mehr zu holen gibt. Heimat lebt aber von tiefer Verwurzelung in einem Flecken Erde und nicht von Glücksrittern, für die Heimat heute da und morgen dort ist, wo halt gerade das Geld zu machen ist. Das Mostviertel ist ein Bilderbuch von Heimat, hier liegen die Wurzeln von Ostarrichi. Heimat ist Tradition, hier sind die Gräber der Vorfahren, hier ist man geboren und aufgewachsen. In den Wirtschaftswunderjahren hatte man allen Wirtschaftsetagen endlose Bereicherung auf Kosten der Allgemeinheit erlaubt, was selbst als simples „Reaganomics"-Denken volkswirtschaftlich niemals logisch war. Zur Rechenschaft wurde jedenfalls niemand gezogen, Obrigkeitsschultern haben zu sehr aneinander gerieben. Erst zu spät erfolgte ein erstes öffentliches Umdenken, ohne dass die abgeschöpften Privatgewinne zur Reparaturfinanzierung eingesetzt wurden.

Wo immer aus landwirtschaftlichen Gesichtspunkten möglich, scheinen Birnbäume zu stehen.

Man scheint den Blütenduft förmlich riechen zu können, auch wenn es nur ein Bild ist.

Novalis (1772–1801) hat vor Jahrhunderten den wegweisenden Satz gesetzt: „Wo keine Götter sind, da walten Geister." Es war auch ein prophetischer Satz zum Naturschutz, der dem Siegeszug unseres hochgezüchteten Wirtschaftssystems nichts entgegenzusetzen hat. Naturschutz sitzt derweil zwischen allen Stühlen. Dabei kann die Ybbs ein Lied vom Desaster des Goldenen Kalbes singen, war sie doch bis in die 1980er-Jahre im Unterlauf das wohl am stärksten verschmutzte Gewässer ganz Österreichs. Hauptverursacher waren Industrieabwässer, deren direkte Einleitung private Gewinne auf Kosten der Allgemeinheit maximiert hatten.

Im Mostviertel blühen die Bäume immer früher, durchschnittlich kann man inzwischen von einer mindestens zweiwöchigen Vorverschiebung ausgehen. Seit Mitte der 1980er-Jahre ist dieser Aufwärtstrend sehr stabil. Die Älteren unter uns werden sich noch gut an die Bauernregel zu den Eisheiligen erinnern: „Vor Nachtfrost du nicht sicher bist, bis Sophie vorüber ist." Gemeint war der 15. Mai, der Namenstag der heiligen Sophie. Obwohl die Eisheiligen-Regel in der Vergangenheit eine der zutreffendsten Bauernregeln war, beginnt inzwischen die Vegetationsperiode schon Ende April; die Winter wurden entsprechend kürzer. Traditionell steht die

Haselblüte als Vorfrühlingsbote, die Birnen- oder Apfelblüte für den Vollfrühling. Problematisch sind nach wie vor Spätfröste, die vor allem bei Obstbäumen tief ins Kontor schlagen können. Zwar kann der Mensch mit Maßnahmen wie künstlicher Frostschutz-Beregnung noch etwas gegensteuern, mehr als Schadensbegrenzung sind diese jedoch nicht. Klimaprognosen deuten darauf hin, dass die Natur zwar immer früher erwachen, die Gefahr von Spätfrösten aber nicht verschwinden wird.

Der gebirgige Bergwald des Ybbs-Oberlaufs ist noch mehr vom Klimawandel betroffen. Die meisten Pflanzen im Wald müssen Frühblüher sein, um an genügend Licht für ihre Photosynthese zu kommen. Wie überall in europäischen Wäldern ist hier eine frühere Blühsaison als vor 100 Jahren zu beobachten. Eine Studie über jahrhundertalte Herbar-Belege beweist klar frühere Blütezeiten. Ob Buschwindröschen, Waldmeister oder Lungenkraut, alle blühen früher, um die Zeitfenster ihrer Blütezeit hinzubekommen, bevor der Laubaustrieb der Baumkronen nur mehr wenig Licht zum Waldboden durchdringen lässt. Sammlungen getrockneter Pflanzen decken lange Zeiträume ab sowie große Regionen und können daher akribisch Zeugnis über vergangene Jahrhunderte geben. Die konkrete Studie konnte auf 6000 Herbar-Belege von 20 Frühblüher-Arten zurückgreifen und aufgrund der Archivdaten eine Verschiebung des jahreszeitli-

Im Frühling müssen Bauernhöfe, wie hier Kühberg, Hausnummer 2, doch förmlich auf Wolke sieben schweben.

Kaum ein Weg, an dem Birnbäume nicht prächtig im Spalier stehen.

Was nützen all die blühenden Birnbäume, wenn sie nicht bestäubt würden: Blütezeit heißt Schwerarbeit-Zeit für die Bienen.

chen Entwicklungsrhythmus ableiten. Konkret hat sich die Blütezeit pro Grad Celsius Erwärmung um 3,6 Tage nach vorn verschoben.

Auch im Ybbstal ist der Rückgang von Fluginsekten dramatisch. Natürlich sind valide Daten aus der Vergangenheit schwer zu bekommen. Wer hat denn früher schon Insektenpopulationen gezählt? Kürzlich wurde dennoch eine Studie mit belastbaren Zahlen über einen Zeitraum von 20 Jahren veröffentlicht, die auf einer Zählung von toten Insekten an Autonummernschildern beruht. Wen wundert es, dass die Zahl dieser „Verkehrsopfer" an Autovorderseiten drastisch abgenommen hat? Ein Rückgang um 60 Prozent ist die traurige Wahrheit. Dabei bräuchten wir keine Zahlen, jeder kennt das „Windschutzscheibenphänomen": Früher war jeder Tankvorgang mit mühsamem Säubern von Autoscheiben verbunden, heute sind wir diesbezüglich ziemlich arbeitslos geworden.

Ohne Insekten brechen aber viele Ökosysteme schleichend zusammen, und zwar auch jenseits von Ertragseinbrüchen bei Streuobstwiesen. Gerade im Mostviertel haben diese der EU-Subventionitis gut trotzen können, die mit prämierten Baumfällungen Agrarflächen maschinentauglicher machen wollte. Glücklicherweise konnten Streuobstwiesen auf einen langen Traditionsbezug zurückblicken und mit traditioneller Artenvielfalt ein wichtiges Reservoir des Genpools von Kulturäpfeln sichern. Heutige Feinde sind weniger Landwirtschaftsämter, sondern vielmehr neue Bebauungsgebiete sowie Intensivierungen. Natürlich weisen Streuobstwiesen mangelnde Rentabilität aus, die mit jener von Tafelobst-Plantagen in keiner Weise mithalten kann. Seit nunmehr vier Jahrzehnten bemüht sich der Naturschutz vermehrt um Schutz mit den Stichworten Landschaftspflege, Kulturgut sowie Naherholung und Tourismus. Vermarktung von Streuobstprodukten kann schließlich Millionenerlöse bringen.

Auch im Herbst sind Birnbaum-Spaliere markante Landschaftsmarken.

Moderne Landwirtschaft braucht Platz. Sie lässt solitären Bäumen kaum noch etwas übrig.

Auch außerhalb reiner Blütezeiten sind Birnbäume eindrucksvolle Baumpersönlichkeiten.

Im Mostviertel waren die Karten immer etwas besser gemischt: Direktvermarktung von Saft und Kleinbrennereien blieben auch in Zeiten des landwirtschaftlichen Größenwahns gute Nischen. Tradition verpflichtet eben.

Warum kommen alle Astronauten als Naturschützer heim, wo sie doch als Technikgläubige ins All aufgebrochen sind? Egal wer hochfliegt, die zur Erde gefunkten Botschaften sind immer eindeutig: Die Menschheit muss wachgerüttelt werden und sanfter mit unserem Planeten umgehen. Sicher liegt das auch daran, dass die Erde von der Internationalen Raumstation (ISS) aus im Zeitraffer zu sehen ist, eine Erdumrundung dauert schließlich nur 90 Minuten. Zwar sind wie bei Luftaufnahmen keine Menschen zu sehen, deren massiven Eingriffe in die Natur dafür umso mehr. Zumindest die Älteren unter uns werden sich noch an das legendäre Weihnachtsfoto von Apollo 8 aus dem Jahr 1968 erinnern, das unseren blauen Heimatplaneten über der kahlen Mondoberfläche zeigt. Dieser „Erdaufgang" ist das symbolträchtigste Foto, das die Raumfahrt hervorgebracht hat: „eine großartige Oase in der Ödnis des Weltalls". Das Bild wurde zum Erkennungszeichen der Umweltbewegung, vier Jahre später kam „Grenzen des Wachstums", der legendäre Bericht des Club of Rome zur Lage der Menschheit, heraus. Immer mehr Zeitgenossen erkannten das Versprechen ewigen Wachstums als große Lüge. Aus dieser Zeit stammt das inzwischen legendäre Zitat von Edward Abbey (1927–1989), das uns seither unbarmherzig und schonungslos den Spiegel vorhält: „Growth for the sake of growth is the ideology of a cancer cell." An Krebs stirbt man bekanntlich, ohne Wenn und Aber.

Derzeit verprassen wir drei Erden und hinterlassen nachfolgenden Generationen eine nicht bezahlbare Rechnung. Wir wissen spätestens seit dem Bericht des Club of Rome, dass wir unseren Planeten verwirtschaften, und wollen uns dann noch als Zechpreller davonmachen. Wir sind die Gefolgsleute der apokalyptischen Reiter der Naturzerstörung und lassen uns apathisch von Politik-Statements abspeisen, statt endlich unseren selbstmörderischen Krieg gegen die Natur zu beenden: Hätte, müsste, sollte sind übliche Statements von Frühstücksonkeln, die allesamt dem Diktat eines ständigen Wirtschaftswachstums folgen – die uns ins Gesicht lügen, als ob es keine Grundrechenarten gäbe.

Die eigentliche Biokapazität Österreichs liegt bei 4,3 Millionen Einwohnern (derzeit sind es aber mehr als doppelt so viele). Konzerne brechen so lange Gesetze, wie sie damit durchkommen, und wenn es nicht mehr geht, kaufen sie sich eben mit ein paar Silberlingen frei. Die eigenen Taschen bleiben unangetastet. Dabei schreit die Natur seit Jahrzehnten nach einem #MeToo, wir bleiben Knechte des ewigen Wachstums, statt demokratische Mehrheiten dagegen aufzubauen.

Als essenzieller Teil solcher Mehrheiten ist jeder von uns gefordert: Bei jedem 20-Euro-Flugticket oder 1-Euro-T-Shirt bezahlt die Natur die wahren Kosten. Für ein paar lumpige Silberlinge vergessen wir schnell den Schutz der Natur. Wir monieren zwar Plastikmüll am Strand, schreien aber nicht ob des immensen Insektensterbens auf und übergehen es mit ein klein wenig schlechtem Gewissen. Ebenso klingt ein globaler Temperaturanstieg von 2 bis 3 Grad Celsius nicht viel, vergleichen wir ihn aber mit unserer Körpertemperatur, hätten wir schon hohes Fieber. Um es positiv zu formulieren, Angst ist schließlich ein schlechter Ratgeber: Niemand verlangt von uns, bei Wasser und Brot zu Asketen zu mutieren, das Repertoire unseres individuellen Handelns erlaubt durchaus Gestaltungsspielraum. Nutzen wir ihn!

Das Goldene Kalb des ewigen Wachstums ist seit biblischen Zeiten ein erfolgreicher politischer Verkaufsschlager. Den Götzen machen dabei nicht die Vergolder, sondern die Anbeter, also wir: „Wenn über dem Land die Sonne lacht, hat das unsere Partei gemacht." Jede Partei verspricht uns ewiges Wachstum und Vollkasko-Wohlstand, und das muss sie auch: Wer von uns würde schon eine Politikerin beziehungsweise einen Politiker wählen, die oder der uns weniger Wohlstand, Stagnation oder gar Schrumpfung verspricht? Wir sind also die Schuldigen, wir sind die verlogene Seite des ewigen Wachstums, das nach täglichem Naturdiebstahl verlangt und natürlich nach ständiger Einwanderung, also weiteren ökologischen Fußabdrücken. Als Wohlstandsbürger in „Biedermann und die Brandstifter“ bieten wir Naturzerstörern unser Haus an, auch wenn sie es zielsicher abbrennen. Mit dem Sektennamen „ewiges Wachstum = immer mehr Wohlstand“ gehen wir den Rattenfängern seit biblischen Zeiten geradewegs auf den Leim. Dass ewiges Wachstum und Gewinnmaximierung partout nicht zu einer endlichen Erde passen – geschenkt. Nicht umsonst fällt der Erdüberlasttag Österreichs schon auf Anfang April, das heißt, alle nachwachsenden Ressourcen eines Jahres sind dann bereits verbraucht. Fangen wir also endlich an, unsere Obrigkeit trocken zu bekommen. Das Ybbstal wird es uns danken, packen wir es an!

Autobahnbrücken und Flüsse sind heute normale Ingenieurleistungen, früher zogen Brücken immer wieder den Kürzeren, wenn Flüsse ihre Muskeln zeigten.

Auch die vierspurige Westbahn fordert ihre Trasse, wenn es die Ybbs zu überqueren gilt.

An den Altwasser-Schleifen sieht man, dass die Ybbs doch immer wieder „optimiert“ wurde, vor allem wegen besserer Hochwasserabflüsse und Flößerbedingungen.

Besonders in den Sommermonaten mit niedrigen Wasserständen zeigen Kiesbänke die Rolle von Substrat-„Förderbändern“ bei Alpenflüssen.

Der abgebildete Bahnverlauf zeigt einen Ausschnitt der heutigen Rudolfsbahn von Amstetten nach Selzthal (OÖ). Einen Stundentakt gibt es bis Waidhofen. Die legendäre Ybbstalbahn verlief von Waidhofen nach Lunz am See, ihre Trasse wird heute als romantischer Radweg genutzt.

Die Kurvenradien von Straßen können mit der Ybbs nicht immer mithalten.

Ybbs-Inseln sind feine ökologische Rückzugsorte, denen selbst Hochwasserzeiten nichts ausmachen.

Bei geringen Wasserständen leitet der Staudamm Greinfurth fast alles Wasser in den Werkskanal.

Das Wasserkraftwerk in Opponitz gehört der Wien Energie, die hier fernab der Hauptstadt Strom erzeugen lässt.

Ein massives Holzlager an der Ybbs-Mündung erinnert an längst vergangene Flößerzeiten.

Heute wird viel Holz als Massengut über die Donauschifffahrt angeliefert, aber immer noch in Ybbs weiterverarbeitet.

Grünwirtschaft ist erheblich weniger erosionsanfällig, Feldwirtschaft würde an den anfangs steilen Mostviertelhängen Schwierigkeiten verursachen.

Heute ist Landwirtschaft großflächig angelegt, das einsame Gebäude inmitten eines riesigen Rapsfelds zeigt, dass dies früher anders war.

Streckenweise sieht das Ybbstal menschenleer aus, wie hier in Kring.

Dieses Bild könnte für den Gegensatz von Ökologie und Ökonomie stehen. Vorn das naturnahe Mostviertel, hinten die rauschende „Konjunktur".

Kläranlagen sichern heute die Wasserqualität. Vorbei sind die unseligen 1960er- und 1970er-Jahre, als man dachte, alles „in den Bach kippen" zu dürfen.

Im leichten Morgennebel sieht man die Weite, aber auch die Welligkeit des Mostviertels und darüber hinaus …

Literatur

Caravias, Claudius: Ybbs an der Donau. Biographie einer Stadt. Ybbs 1991.

Cerny, Heimo; Überlacker, Franz: Die Moststraße. Zwischen Donaustrand und Alpenrand. Salzburg-Gnigl 2007.

Distelberger, Toni: Großvaters Geschichten. Ein Leben im Mostviertel. Weitra 2013.

Donner, Josef: Auf springt der Quell. Wasser im Stadtbild, ein Wiener Brunnenlexikon. Wien 1998.

Drabek, Anna Maria: Ostarrichi-Gedenkstätte Neuhofen/Ybbs. Neuhofen 1988.

Eger, Hans: Bunte Steine. Ausflüge in die Erdgeschichte zwischen Ybbs- und Trauntal. Salzburg 2020.

Eisbacher, Gerhard H.: Einführung in die Tektonik. Stuttgart 1991.

Eppel, Franz: Die Eisenwurzen. Land zwischen Enns, Erlauf und Eisenerz. Seine Kunstwerke, historischen Lebens- und Siedlungsformen. Salzburg 1968.

Fischer-Korp, Christa; Horvath, Manfred: Das Mostviertel. Kunst, Kultur und Küche. Weitra 2010.

Graf, Hans; Braun, Endre: Die Ybbstalbahn. Wien 1989.

Herrmann, Michaela: Chronik der Marktgemeinde Göstling für die Jahre 1305–2005. Göstling 2005.

Hofmann, Thomas: Es geschah im Mostviertel. Neuigkeiten und Bilder von damals. Schleinbach 2017.

Kalmár, János; Bruckmüller, Ernst; Linke, Reinhard; Mayer, Christoph: Verschwundenes Mostviertel. Über Greißler und Wirtshäuser, Bauernhöfe und Eisenbahnen, Schmieden und Hammerwerke, die es nicht mehr gibt. Schleinbach 2021.

Kantilli, Günter: Die Kelten im Mostviertel. Das Wiesbergland zwischen Waidhofen und St. Leonhard am Wald (Naturheiligtümer in Österreich). Enns 2007.

Knittler, Herbert; Resch, Andreas; Girtler, Roland: Heimat Eisenwurzen. Beiträge zum Eisenstraßen-Symposium Weyer. Enns 1997.

Mangold, Gudrun: Most. Das Buch zu Apfel- und Birnenwein. Tübingen 2003.

Meyer, Ernst: Geschichte des Marktes Ybbsitz. Ybbsitz 1999.

Ortmayer, Petrus; Decker, Aegid: Das Benediktinerstift Seitenstetten. Ein Gang durch seine Geschichte. Wels 1955.

Pollack, Martin; Zeillinger Gerhard: Das alte Amstetten. Stadtansichten und Zeitbilder 1870–1970. Schleinbach 2018.

Richter, Friedrich; Settele, Matthias; Sobotka, Wolfgang; Zambal, Walter: 800 Jahre Waidhofen an der Ybbs. 1186–1986. Waidhofen 1986.

Ruttner, Franz: 50 Jahre Biologische Station Lunz. Lunz 1956.

Sandgruber, Roman: Rothschild. Glanz und Untergang des Wiener Welthauses. Wien 2018.

Schneider, Rudolf: Schloss Rothschild. Waidhofen an der Ybbs. Transformation – Verwandlung. Wien 2021.

Sonnleitner, Bertl: Das andere Mostviertel. Land zwischen Sonntagberg und Ötscher. St. Pölten 1999.

Sonnleitner, Bertl: Herrenhäuser in der Eisenwurzen. St. Pölten 2002.

Straßmayr, Hermann: Ybbs-Persenbeug: Ein Kraftwerk im Licht der Zeit. Saarbrücken 2008.

Stummer, Leopold: Waidhofen a. d. Ybbs. Wegweiser durch Landschaft und Geschichte. Waidhofen 1953.

Tollmann, Alexander: Der Bau der nördlichen Kalkalpen. Wien 1976.

Trumler, Gerhard; Sandgruber, Roman: Die Eisenwurzen. Landschaft – Kultur – Industrie. Wien 1997.

Übelacker, Franz: Sonntagberg. Vom Hirtentraum zum Wallfahrtsort. Berndorf 2015.

Unterhofer, Anton; Wagner, Benedikt; Rainer, Konrad: Sonntagberg. Pfarr- und Wallfahrtskirche zu Ehren der Hlst. Dreifaltigkeit. Regensburg 2004.

Volkskultur Niederösterreich: Das Mostviertel. Aus der Mitte heraus. Berndorf 2015.

Vorderwinkler, Franz: Vom Most zum Eisen. Mostviertel – Ötscherland. NÖ Eisenstraße. Obergriesbach 1998.

Wagner, P. Benedikt; Mayrhofer, P. Martin: Stift Seitenstetten und seine Kunstschätze. Wien 2012.

Wegenstein, Peter: Wege aus Eisen im Mostviertel. Zur Geschichte der Eisenbahnen im Viertel ober dem Wienerwald. Schleinbach 2015.

Wiesbauer, Heinz: Die Ybbs. Ein Fluss macht Geschichte. Weitra 2019.

Wieser, Gerhard; Pauli, Herbert; Hiesberger, Martin: Blüten, Most und Hügelmeer. Bilder zum Lesen, Texte zum Schauen. Enns 2006.

Wohlfahrt, Manfred: Festschrift Ulmerfeld 995–1995. Ulmerfeld 1995.

Wohlfahrt, Manfred; Kräftner, Johann; Hofer, Josef: Mostviertel. Bauernland im Wandel. Ein Heimatbuch. St. Pölten 1986.

Zelinka, Theodor: Waidhofen an der Ybbs und seine Umgebungen. Book on Demand 2014.

Ziskovsky, Gerhard; Benedikter, Christoph H.: Amstetten. Erfurt 2010.

Ziskovsky, Gerhard; Grabner Barbara: Amstettner Metamorphosen. Ein Stadtführer als Zeitreise. Erfurt 2017.